KB235682

SURPRISING USES FOR

BAKING SODA

베이킹 소다 활용법

A to Z

즐거운상상

CONTENTS

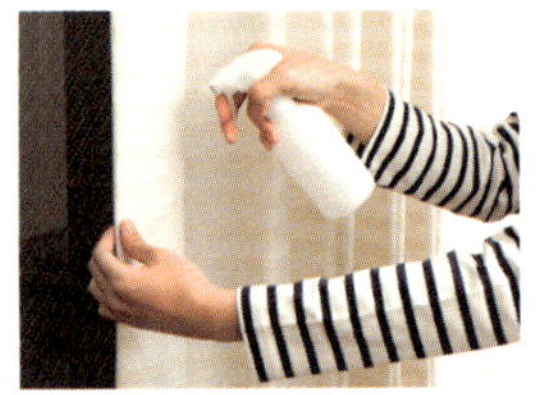

베이킹 소다를 활용한 효과만점 청소법

CONTENTS

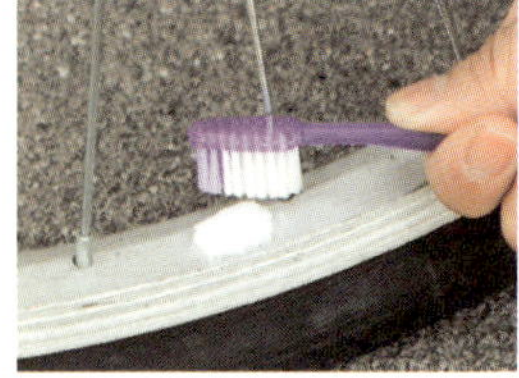

베이킹 소다를 활용한 효과만점 스킨케어

이 책에서 사용한 단위 기준

베이킹 소다, 구연산
1큰술 = 약 5g
1작은술 = 약 5g
1컵 = 200g

그 외
1큰술 = 약 15ml
1작은술 = 약 5ml
1컵 = 약 200ml

SURPRISING USES FOR

BAKING SODA

START

친환경 에코라이프의 필수품
베이킹 소다 알아보기

베이킹 소다는 무엇인가요?

친환경 청소의 필수 아이템, 베이킹 소다. 이름은 들어봤지만 어디에 쓰이는지 잘 모르는 경우가 많아요. 베이킹 소다는 '중조'라고 불리는 물질로 과학적으로는 탄산수소나트륨, 중탄산나트륨, 중탄산조달 등으로 불리며 자연적으로 광산이나 바다에 포함된 천연 물질입니다.

천연 베이킹 소다는 광산에서 채굴한 돌을 정제하여 만듭니다. 또 놀랍게도 베이킹 소다는 사람의 몸 속에도 존재하며 우리 몸의 기능을 돕습니다. 예를 들면 침 속에서 입 안의 세균이 만드는 산을 중화시켜 이가 상하는 것을 예방해 줍니다. 이렇듯 원래 자연계에 존재하고 우리의 몸 속에도 포함되어 있는 물질로, 안심하고 사용할 수 있습니다. 얼른 생각하면 베이킹 소다로 청소를 하는 것만 떠올리지만 그 외에도 빨래, 스킨 케어, 요리, 화초 관리 등에도 유용하게 활용할 수 있습니다. 사용법 또한 아주 간단해서 누구나 쉽게 생활 속에서 바로 활용할 수 있지요. 안전하고 편리한 '베이킹 소다 생활'을 시작해 보세요.

베이킹 소다 청소 효과

연마 작용 수용성 결정이 모여 만들어진 베이킹 소다는 물과 섞으면 입자의 각이 떨어져 둥글게 되기 때문에 닦는 물건의 표면에 흠집을 내지 않고 오염만 깨끗하게 없애 줍니다.

중화 작용 베이킹 소다는 약알칼리성이라 기름때나 피지 등, 산성계 오염을 중화시켜 없애는 작용을 합니다.

흡습, 제취 작용 베이킹 소다는 악취 성분을 중화시켜 제거해 줍니다. 또한 습기를 잘 흡수하기 때문에 집 안에 두면 악취와 동시에 여분의 습기도 제거할 수 있습니다.

발포 작용 베이킹 소다는 구연산 등의 산성물질이나 열과 반응하면 거품을 냅니다. 그 성질을 이용해서 막히는 배수구 관리와 손이 잘 닿지 않는 곳을 청소할 때도 효과적입니다.

연수화 작용 베이킹 소다는 수돗물 등 센 물에 많이 들어있는 칼슘, 마그네슘 등의 미네랄 성분을 감싸서 청소에 적당한 연수로 만들어 주는 작용을 합니다.

베이킹 소다의 용도별 쓰임

베이킹 소다는 순도와 입자의 크기에 따라서 약용, 식용, 공업용으로 나뉩니다. 청소나 미용, 요리 등 사용 용도에 따라서 달리 사용하세요.

베이킹 소다 미용 효과

스크럽 작용 부드러운 결정으로 이루어진 베이킹 소다는 물이나 클린징폼 등에 섞어서 마사지하면 피부에 자극없이 모공의 더러움과 피지를 깔끔하게 제거해줍니다.

중화 작용 베이킹 소다는 피지나 땀 등의 산성 물질을 중화시켜 없애줍니다. 피지의 번들거림을 막고 체취를 없앨 수 있어요.

연수화 작용 베이킹 소다는 수돗물을 피부에 자극이 없는 연수로 바꿔줍니다. 세안이나 화장수로 사용하면 피부에 자극을 줄일 수 있어요.

베이킹 소다를 스킨케어나 요리에 사용할 때는 꼭 식용 베이킹 소다를 사용하세요!

스킨케어나 요리에 사용하는 베이킹 소다는 약용 또는 식용을 사용하세요. 입자가 부드러워서 피부에 상처를 내지 않고도 확실한 스크럽 효과를 기대할 수 있습니다. 또 만약 실수로 입에 넣었을 때도 식용이라면 안심이지요.

베이킹 소다의 종류

베이킹 소다 가루

베이킹 소다를 더러워진 곳에 직접 뿌리거나, 병에 담아 악취가 나는 곳에 두는 가장 간단한 방법입니다.

1 후춧가루 통에 베이킹 소다 가루를 넣습니다.

2 80% 정도까지 채웁니다.

3 더러워진 부분에 뿌립니다.

베이킹 소다수

물에 베이킹 소다를 섞어 분무기에 넣어서 사용합니다. 넓은 범위의 오염이나 의류의 냄새 제거에 효과적입니다.

1 비커에 물 2와 1/2컵, 베이킹 소다 가루 2큰술을 넣습니다.

2 숟가락으로 잘 저어 녹입니다.

3 분무기 통에 옮겨 담습니다.

베이킹 소다 페이스트

베이킹 소다와 물을 섞어서 연고 상태로 만들어 천이나 브러시에 묻혀서 사용하세요. 찌든 때를 제거할 때 효과적입니다.

1 베이킹 소다 가루를 사용할 분량만큼 작은 그릇에 넣습니다.

2 베이킹 소다 가루 3, 물 1의 비율로 섞습니다.

3 페이스트 상태가 될 때까지 잘 섞어 줍니다.

베이킹 소다 + 뜨거운 물

베이킹 소다를 넣은 물을 끓여서 사용합니다. 뜨거운 물에 녹이면 알칼리도가 높아져서 찌든 때를 제거할 수 있습니다.

1 냄비 등 더러워진 용기 속에 물을 넣습니다.

2 물 2컵에 1 작은술의 비율로 베이킹 소다 가루를 넣습니다.

3 끓입니다.

베이킹 소다와 함께 사용하면
한층 더 효과적인 세정제와
청소 도구를 소개합니다.
집이 반짝반짝 눈부시게 변신하는
효과를 경험해보세요.

구연산

베이킹 소다와 반대인 산성 성질을 가지고 있는 구연산은 베이킹 소다로는 없어지지 않는 알칼리성 오염에 효과가 있어요. 베이킹 소다와 섞으면 거품을 내며 청소 효과가 좋습니다. 레몬이나 매실장아찌 등 식품에도 들어있는 신맛 성분이므로 우리 몸에도 안심이에요. 구연산이 없을 때는 식초를 사용해도 좋지만 식초의 냄새가 싫은 경우에는 냄새가 없는 구연산을 사용하세요.

구연산의 5가지 효과

침투, 필링, 용해 작용 구연산에 들어있는 수소 이온은 더러운 곳에 침투하여 때를 벗겨내고 녹이는 작용을 합니다. 찌든 때를 닦아낼 때 뛰어난 효과를 발휘합니다.

중화 작용 산성인 구연산은 물때 등의 알칼리성 오염을 중화시켜서 없애줍니다. 또 베이킹 소다와 만나면 거품을 일으켜 때를 불려줍니다.

항균 작용 구연산은 미생물의 번식을 방지하는 효과가 있습니다. 식용 구연산은 도마의 소독이나 살균에도 안심하고 사용할 수 있어요.

제취 작용 대표적인 악취인 화장실 냄새나, 생선 비린내, 담배 냄새는 알칼리성이므로 구연산으로 중화시켜서 없앨 수 있습니다.

환원 작용 구연산에 들어있는 수소 이온은 녹의 원인이 되는 물질에서 효소가 빠져나가는 것을 방지하기 때문에 금속의 녹을 예방하는 효과가 있습니다.

구연산의 3가지 종류

구연산 가루 구연산 가루를 빈 용기에 넣어 보관해두었다가 오염된 곳에 직접 뿌립니다. 주로 베이킹 소다와 섞어서 사용하며 물을 붓고 생기는 거품으로 더러움을 없앨 수 있어요.

구연산수 물 1컵에 구연산 2작은술의 비율로 잘 섞어, 분무기에 넣어서 사용하세요. 물때 등을 제거할 때 효과적입니다.

구연산 팩 종이 타올에 구연산수를 뿌려서 더러운 곳에 붙여서 사용합니다. 구연산이 오염에 깊이 침투해서 찌든 때도 깔끔하고 깨끗하게 제거할 수 있습니다.

비누

천연유지를 원료로 하는 비누는 환경에도 안심이고 베이킹 소다와 함께 사용하면 효과도 한층 좋습니다. 청소할 때 쓰려면 합성화학물질이 들어있지 않은 '비누 소지'라고 표기된 것을 고르세요.

비누의 2가지 효과

세정 효과 비누는 더러움을 물에 녹여서 거품으로 감싸 제거합니다. 환경에 좋지 않은 기름때도 최대한 물에 가까운 상태로 만들어주므로 청소 후에 그대로 배수구로 흘려보낼 수 있습니다.

중화 작용 알칼리성 비누는 기름때 등의 산성 때를 중화시켜 제거해주는 작용을 합니다. 베이킹 소다보다 알칼리도가 높기 때문에 찌든 때에 효과적이지요. 베이킹 소다와 함께 사용하면 한층 더 세정력이 좋아져요.

비누의 2가지 사용법

더운 물에 녹여서 사용하기 고형 비누나 분말 비누를 사용할 경우에는 비누 1큰술에 더운물 1컵의 비율로 잘 녹여서 씁니다. 고형 비누를 사용할 경우에는 미리 강판에 갈아 갈아두었다가 녹여서 사용하세요.

액체 비누 사용하기 물 또는 더운물로 적신 스펀지에 액체 비누를 묻히고 거품을 충분히 내어 사용합니다. 베이킹 소다 가루를 더할 경우에는 그 위에 뿌려서 사용하세요. 베이킹 소다 가루의 연마작용이 더해져서 더러움을 제거하는 데 더욱 효과적입니다.

에센셜 오일

에센셜 오일은 식물의 향과 성분을 응축한 것이므로 몇 방울 떨어뜨리는 것만으로도 뛰어난 효과가 있습니다. 아로마의 릴렉스 효과는 물론, 항균, 살균, 소독 효과도 있으므로 청소와 미용에서 두루 사용해보세요.

에센셜 오일의 2가지 효과

항균, 살균, 소독 작용 대부분의 에센셜 오일은 세균의 번식을 막는 항균 작용과 살균 작용을 해요. 또 소독도 되므로 상처가 났을 때도 바를 수 있습니다. 하나씩 가지고 다니면 무척 유용한 아이템입니다.

릴렉스 작용 에센셜 오일의 향은 마음과 몸을 편안하게 만들어주는 효과가 있어요. 라벤더나 장미향 외에도 수많은 종류가 있지요. 마음에 드는 향을 선택해서 청소 시간을 즐겁게 만들어 보세요.

에센셜 오일의 사용법

베이킹 소다 가루에 넣어서 사용 베이킹 소다 가루 1/2컵에 에센셜 오일 두세 방울을 섞어서 사용합니다. 빈병에 넣은 후, 통기성 있는 천을 씌워 옷장 등 냄새가 걱정되는 곳에 두세요. 제취 효과뿐 아니라 아로마 효과까지 기대할 수 있어요.

구연산수에 넣어서 사용 구연산수에 에센셜 오일 두세 방울을 섞어서 사용합니다. 주로 방의 제취 등 넓은 범위에 스프레이하거나 옷 등에 활용합니다. 식초에 섞으면 식초 특유의 냄새를 부드럽게 해줍니다.

베이킹 소다와 함께 쓰면
좋은 소재와 아이템

산소계 표백제

산소계 표백제를 쓰면 베이킹 소다만으로는 지워지지
않는 심한 얼룩도 없앨 수 있습니다.

산소계 표백제의 효과와 종류

침투 분해 작용 산소계 표백제는 의류의 얼룩에 침투해
서 색소를 다른 물질로 분해하는 작용을 합니다. 그래
서 오염되었던 색을 하얗게 합니다.

액체와 분말 타입 산소계 표백제에는 액체와 분말이
있습니다. 액체는 과산화수소를 물에 녹인 것이고, 분
말은 과산화수소와 탄산소다에서 만들어진 것입니다.

산소계 표백제의 사용법

액체와 페이스트로 사용 물에 같은 양의 베이킹 소다와
산소계 표백제를 섞어서 용액을 만들거나, 산소계 표백
제1, 베이킹 소다1, 글리세린 1/2에 소량의 물을 첨가하
여 곰팡이 제거용 페이스트로 사용하세요.

산소계 표백제의 주의사항

염소계는 위험! 표백제에는 염소계와 산소계가 있습니
다. 염소계는 구연산 등의 산성 물질이 섞이면 유독가스
가 발생하므로 꼭 산소계를 사용하세요.
※P25~29 참조

탄산 소다

비누에도 포함되어 있는 탄산 소다는 알칼리도가 높으므로 베이킹 소다로 제거되지 않는 찌든 때에도 효과가 뛰어납니다.

탄산 소다의 효과와 종류

중화 작용 탄산 소다는 베이킹 소다보다도 높은 알칼리성을 가지고 있어요. 그래서 찌든 때를 확실히 중화시켜서 제거할 수 있습니다.

소다회와 결정 타입 탄산 소다는 수분을 전혀 포함하지 않은 하얀 분말의 소다회와 분자에 물이 결합된 백색 결정인 것이 있습니다. 어느 쪽이든 물로 희석시켜 사용하세요.

탄산 소다의 사용법

용액 또는 페이스트 상태로 사용 물 1컵에 탄산 소다 1/2 작은술의 비율로 섞어서 수용액으로 사용하거나, 물 1에 대해서 탄산 소다 1/2의 비율로 페이스트 상태로 만들어 사용하세요.

탄산 소다의 주의사항

고무장갑을 꼭 준비할 것 탄산 소다는 알칼리도가 높기 때문에 맨손으로 만지면 손이 거칠어질 수 있어요. 청소할 때는 꼭 고무장갑을 끼세요.

에탄올

에탄올은 에틸렌 알콜이라고도 불리며 살균, 소독에 뛰어난 효과를 발휘합니다.

에탄올의 효과와 종류

살균, 소독 작용 에탄올은 휘발성이 강하므로 물기에 약한 의류를 살균하는데 효과적입니다. 니트 등의 울제품에도 뿌리기만 하면 바로 살균됩니다.

소독용과 무수타입 에탄올은 약국에서 팔고 있는 소독용 에탄올과 수분을 최대한 추출하여 알코올의 농도를 높인 무수에탄올이 있습니다.

베이킹 소다 청소를
도와주는 도구들

걸레와 행주
용도에 따라 적당한 것을 골라 쓰세요.
젖은 걸레와 마른 걸레로 몇 장 준비해
두면 편리합니다. 걸레와 행주를 용도에
따라 골라서 사용하세요.

세숫대야
청소용으로 하나 장만하세요 이 책에서
자주 등장하는 세숫대야는 식기 등의 찌
든 때를 베이킹 소다 가루를 녹인 더운
물에 담그거나 옷을 불려서 세탁할 때,
아주 유용한 아이템입니다.

스펀지
어떤 더러움이든 문질러 제거한다! 베이
킹 소다 청소의 필수 아이템. 스펀지에
베이킹 소다 가루를 뿌려서 닦으면 오염
을 제거하는데 효과적입니다.

호일&랩
오래되고 찌든 때 청소에 필수품! 오염
에 베이킹 소다 페이스트 등을 잘 스미
도록 할 때 사용하는 랩은 찌든 때를 제
거하는데 필수품이에요. 또한 먼지가 들
어가는 것을 방지해줍니다.

칫솔
좁은 구석 틈새 청소의 필수 아이템 창
문 새시나 타일 이음새 등 세세한 부분
을 청소하기에 아주 편리한 아이템입니
다.

종이 타올
곰팡이나 물때를 팩으로 제거한다 구연
산 팩(P14 참조)의 재료로 빼놓을 수 없
는 종이 타올. 물기 닦기, 먼지 제거, 까
다로운 때를 제거할 때에도 유용하지요.

신문지
읽은 후 버리지 말고 재활용! 기름기를
닦아낼 때 유용한 신문지. 청소를 시작
할 때 마루에 깔고 해보세요. 먼지가 떨
어져도 안심이에요. 또 다 쓴 베이킹 소
다 가루를 버릴 때도 유용합니다.

면봉
청소 마무리의 필수품! 칫솔로도 불가
능한 좁은 곳의 청소에는 면봉을 빼 놓
을 수 없지요. 적신 면봉으로 청소를 마
무리하면 구석구석 반짝이는 집으로 변
신할 수 있어요.

베이킹 소다 청소

아크릴 수세미를 써 보세요

청소를 사랑하는 사람들 사이에서 화제가 되고 있는 아크릴 수세미. 아크릴 섬유가 더러움을 꽉 잡아서 빼주기 때문에 세제가 필요 없는 것이 인기의 이유입니다. 스펀지 대용으로 아주 좋습니다.

청소용품으로 인테리어를

수납장소를 정하기 어려운 청소용품은 차라리 감추지 말고 잘 보이는 곳에 두세요. 귀여운 병이나 분무기에 넣어두면 인테리어 아이템이 됩니다.

베이킹 소다수 용기를 고를 때

용기의 소재 가운데는 베이킹 소다의 알칼리 성분에 녹아버리는 것이 있어요. 일반적으로 쓰는 폴리에틸렌 등은 문제가 없지만, 간장병 같은 부드러운 용기는 주의하세요.

베이킹 소다 수세미

젤라틴 1작은술을 불려서 베이킹 소다 가루 1컵, 소금 적당량, 물 1큰술을 넣고 섞은 후, 틀에 넣어 냉장고에서 굳혀 '베이킹 소다 수세미'를 만들어보세요. 더러운 곳을 직접 문지르는 것만으로 청소가 가능한 편리한 용품이랍니다.

베이킹 소다 요리

잔류 농약을 없애줘요

채소나 과일에 남아 있는 잔류 농약이 걱정이라면 식용 베이킹 소다로 씻어보세요. 베이킹 소다가 농약을 깔끔하게 없애주기 때문에 껍질 채로 안심하고 먹을 수 있어요.

커피의 신맛 감추기

베이킹 소다는 요리의 떫은 맛 제거나 불쾌한 냄새 제거 외에도 커피의 신맛을 부드럽게 해주는 효과가 있습니다. 베이킹 소다 가루를 한번 뿌리기만 하면 됩니다.

베이킹 파우더

제과제빵에서 꼭 필요한 베이킹 파우더는 베이킹 소다에 첨가물을 넣은 것입니다. 둘 다 팽창제로 쓸 수 있지만 도라야키나 카라멜야끼 등 일본 과자에는 베이킹 소다를 권합니다.

간단 소다수 만들기

차가운 베이킹 소다수에 레몬즙을 넣으면 탄산이 생깁니다. 그대로 마시면 다이어트 효과도 있지만 맛있게 마시려면 검 시럽이나 과일 플레이버 시럽을 첨가해보세요.
※레몬 베이킹 소다수의 효과에 관해서는 p122를 참조하세요.

PART 01

베이킹 소다를 활용한 효과만점 청소법

베이킹 소다와 구연산에 대해 알아보았으니 청소를 시작해볼까요?
베이킹 소다를 활용한 청소 방법과 요령은 여러 가지랍니다.
베이킹 소다와 구연산을 잘 활용하여 화장실이나 부엌, 거실, 현관 등 집안 곳곳을
상쾌하고 깨끗하게 만들어보세요.

MAP

부엌
식기나 가스레인지 주변에 단단히 달라붙은
기름때나 배수구의 미끈거림 등 베이킹 소다는
부엌에서 효과적입니다! 포기하고 있던 찌든 때에
베이킹 소다로 도전장을 던져보세요.
p36-55

뷰티&스킨케어
베이킹 소다를 이용한 피부 자극 없는
화장품 직접 만들기! 피부에 자극없는
베이킹 소다는 스킨 케어에도 좋은
재료입니다. 직접 만들면 비용도
절약되니 일석이조. 만들기도 간단하니
지금 당장 도전해보세요.
p110-123

거실
가족이 편안하게 쉬는 거실은
바지런하게 매일 청소해야 합니다.
마룻바닥이나 창문도 베이킹 소다를
이용해서 청소하세요. 언제나 쾌적한
집안을 만들 수 있어요.
p56-71

그외
가드닝이나 애완동물 손질 등, 집안 청소 말고
다른 곳에도 베이킹 소다는 놀라울 정도로
효과적입니다. 활용법이 많이 있으니 꼭 체크하세요!
p96-107

베이킹 소다 청소

집은 장소 별로 오염 원인이 다르지요. MAP 중에 습기 아이콘이 있는 장소는
특히 눈여겨보아야 합니다. 습기 아이콘이 있는 곳은 장마철이 되면 냄새나 더러움에
취약한 장소이므로 자주 청소해야 언제나 청결하고 쾌적한 집안을 유지할 수 있어요.

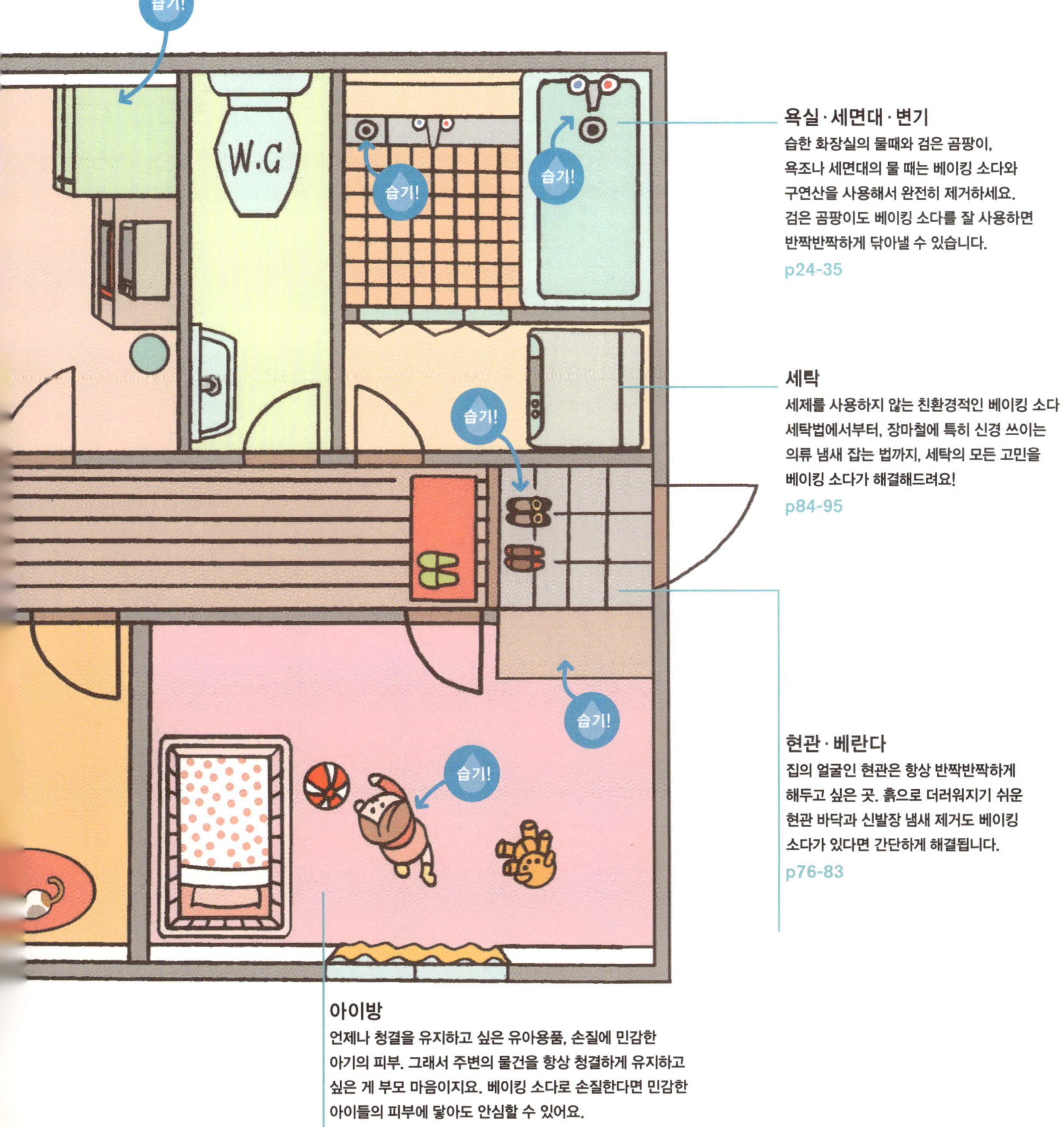

욕실 · 세면대 · 변기

습한 화장실의 물때와 검은 곰팡이,
욕조나 세면대의 물 때는 베이킹 소다와
구연산을 사용해서 완전히 제거하세요.
검은 곰팡이도 베이킹 소다를 잘 사용하면
반짝반짝하게 닦아낼 수 있습니다.
p24-35

세탁

세제를 사용하지 않는 친환경적인 베이킹 소다
세탁법에서부터, 장마철에 특히 신경 쓰이는
의류 냄새 잡는 법까지, 세탁의 모든 고민을
베이킹 소다가 해결해드려요!
p84-95

현관 · 베란다

집의 얼굴인 현관은 항상 반짝반짝하게
해두고 싶은 곳. 흙으로 더러워지기 쉬운
현관 바닥과 신발장 냄새 제거도 베이킹
소다가 있다면 간단하게 해결됩니다.
p76-83

아이방

언제나 청결을 유지하고 싶은 유아용품, 손질에 민감한
아기의 피부. 그래서 주변의 물건을 항상 청결하게 유지하고
싶은 게 부모 마음이지요. 베이킹 소다로 손질한다면 민감한
아이들의 피부에 닿아도 안심할 수 있어요.
p72-75

BATHROOM

욕
실

/

욕조와 변기의 물때도 베이킹 소다면 OK!
하루의 피곤을 풀어주는 욕조는 언제나 청결하게 해두고 싶은 곳이지요.
부지런한 '베이킹 소다 청소'로 습기와
나쁜 냄새를 없애고 쾌적한 욕실을 만들어 보세요.

타일 이음새의 곰팡이 제거법

잘 지워지지 않는 검은 곰팡이와 찌든 때가 베이킹 소다와 산소계 표백제를 사용하면 놀랄 만큼 깨끗해져요!

준비물　베이킹 소다, 산소계 표백제, 글리세린, 랩, 스펀지, 칫솔, 걸레
주기　　일주일에 한번
속성　　알칼리성

1　곰팡이 제거용 페이스트(P16참조)를 타일의 이음새에 발라주세요.

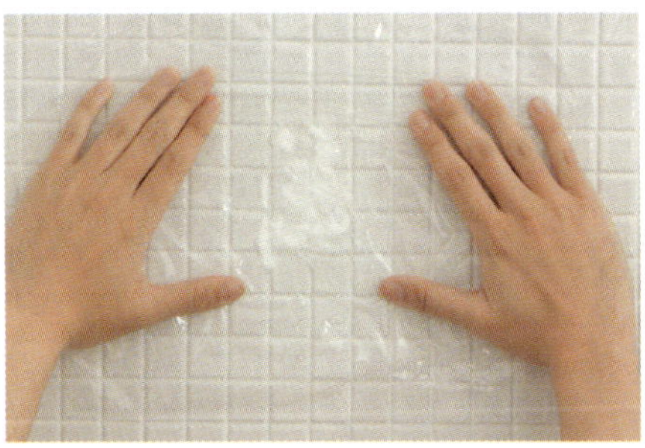

2　페이스트를 바른 부분에 랩을 씌워 한두 시간 그대로 둡니다.

3　랩을 벗기고 스펀지로 전체를 문지릅니다.

4　이음새 사이는 칫솔로 살살 문지릅니다.

5　걸레에 물을 적셔 더러움을 닦아냅니다.

6　샤워기로 씻어냅니다.

욕실

욕조 청소

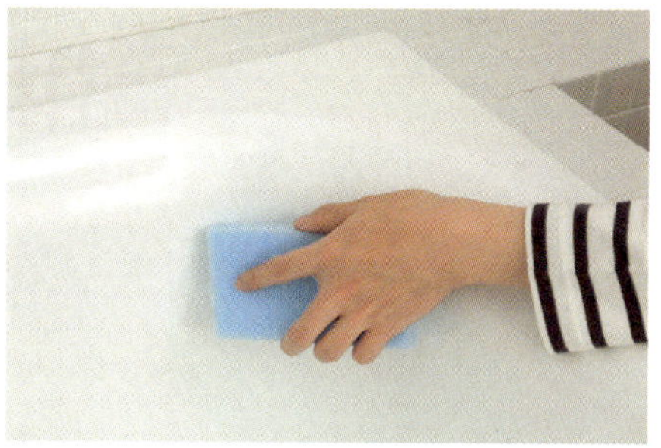

세제를 사용하지 않고 베이킹 소다만으로 욕조의 물때를 깨끗이 없앨 수 있어요. 베이킹 소다 가루를 뿌리기만 하면 되니 정말 간단하죠?

준비물	베이킹 소다 가루, 스펀지
빈도	3일에 한번
속성	산성

1 욕조에 베이킹 소다 가루를 뿌립니다.
2 물에 적신 스펀지로 문지릅니다.
3 물로 깔끔하게 씻어냅니다.

샤워 부스 유리 청소

샤워 부스의 유리는 물때나 비누 찌꺼기가 굳어지기 쉬운 곳입니다. 부지런히 청소하세요.

준비물	베이킹 소다 가루, 스펀지, 걸레
빈도	3일에 한번
속성	알칼리성

1 적신 스펀지에 베이킹 소다 가루를 뿌려주세요.
2 ①로 유리를 문지릅니다.
3 물로 씻어 내리고 마른 걸레로 물기를 닦아냅니다.

욕실 바닥 청소

욕실 바닥은 세게 문지르면 흠집이 나기 쉬우니 주의해야 합니다. 베이킹 소다의 부드러운 연마 작용으로 더러움만 제거하세요.

준비물	구연산수, 베이킹 소다 가루, 스펀지
빈도	3일에 한번
속성	알칼리성

1 욕실 바닥에 구연산수를 스프레이하고 3~5분 그대로 두세요.
2 적신 스펀지에 베이킹 소다 가루를 듬뿍 묻힌 다음 닦아내고 물로 씻어냅니다.

욕실 천장 청소

욕실의 천장은 습기가 많아 늘 곰팡이가 발생하기 쉬워요. 마지막에 항균을 위해 구연산수를 뿌려주세요

준비물 구연산수, 베이킹 소다수, 막대 걸레
빈도 일주일에 한번
속성 알칼리성

1 부직포 막대걸레에 베이킹 소다수를 뿌린 다음 천장을 닦습니다.
2 다른 부직포에 구연산수를 뿌리고 한 번 더 닦습니다.
3 부직포 막대 걸레로 닦습니다.

배수구 청소

배수구는 욕실에서 가장 더러워지기 쉬운 곳입니다. 베이킹 소다와 구연산으로 기분 나쁜 미끈거림을 깔끔하게 제거해보세요.

준비물 구연산수, 베이킹 소다 가루, 스펀지, 마른 걸레
빈도 일주일에 한번
속성 알칼리성

1 배수구에 쌓인 머리카락 등 오염물을 걷어내고 마른 걸레로 물기를 닦아주세요.
2 구연산수를 스프레이하고 3~5분 그대로 둡니다.
3 스펀지에 베이킹 소다 가루를 뿌려 문지르고 물로 씻어 내립니다.

욕실 벽 곰팡이 예방

쉽게 생기고 잘 떨어지지 않는 욕실 벽의 곰팡이도 목욕 후, 구연산수를 뿌려주면 간단하게 예방할 수 있어요.

준비물 구연산수, 스펀지
빈도 일주일에 한번
속성 알칼리성

1 벽에 구연산수를 뿌려주세요.
2 그대로 3~5분 두었다가 적신 스펀지로 문지르고 씻어 내립니다.
3 환기팬을 돌려 욕실을 잘 건조시킵니다.

샤워기 호스의 검은 얼룩 예방

호스의 미끈거림이나 더러움은 굳어지기 전에 스펀지에 베이킹 소다를 묻혀서 닦아주세요.

준비물   베이킹 소다 가루, 스펀지
빈도   3일에 한번
속성   알칼리성

1   적신 스펀지에 베이킹 소다 가루를 뿌립니다.
2   샤워기 헤드의 맨 위부터 아래로 문지릅니다.
3   물로 씻어냅니다.

샤워기 헤드 구멍 막힘 제거

샤워기 헤드가 막히면 수압이 약해지는 원인이 됩니다. 구연산수에 담갔다가 베이킹 소다 가루로 닦아보세요.

준비물   구연산수, 베이킹 소다 가루, 세숫대야, 스펀지
빈도   일주일에 한번
속성   알칼리성

1   세숫대야에 물을 담고 구연산 가루를 뿌립니다.
2   샤워기 헤드를 담그고 약 30분 정도 그대로 둡니다.
3   스펀지에 베이킹 소다 가루를 뿌려서 샤워기 헤드를 닦은 후, 물로 씻어냅니다.

욕실 거울 청소

거울이 더러워지는 원인은 물때랍니다. 구연산수로 중화시켜 깨끗하게 닦아주세요. 레몬 껍질로 문질러도 같은 효과를 얻을 수 있어요.

준비물   구연산수, 마른 걸레
빈도   그때마다
속성   알칼리성

1   거울에 구연산수를 뿌립니다.
2   마른 걸레로 닦아냅니다.

샤워기 호스의 검은 얼룩 청소

이미 생겨버린 검은 얼룩은 산소계 표백제로 표백해야 합니다. 랩으로 감아두면 얼룩을 확실하게 없앨 수 있습니다.

준비물	산소계 표백제, 베이킹 소다수, 글리세린, 랩, 스펀지
빈도	그때마다
속성	알칼리성

1 곰팡이제거용 페이스트(P16참조)를 호스에 바르고 랩으로 감아서 약 30분 정도 그대로 둡니다.

2 랩을 벗겨내고 베이킹 소다 가루를 뿌린 스펀지로 문지른 후, 물로 씻어내세요.

세숫대야의 물때 청소

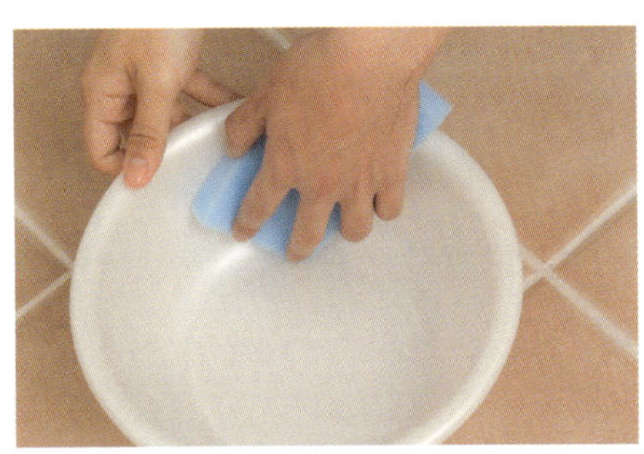

잠시만 관리하지 않으면 금방 생기는 세숫대야 물때 등의 미끈거림도 베이킹 소다를 이용하면 깔끔하게 제거할 수 있어요.

준비물	베이킹 소다 가루, 스펀지
빈도	그때마다
속성	산성

1 적신 스펀지에 베이킹 소다 가루를 뿌리세요.

2 미끈거리는 부분을 문질러주세요.

3 물로 씻어내세요.

더운 물에 베이킹 소다 가루를 넣으면 연수로 변신!

입욕제 대신 베이킹 소다 가루를 욕조에 넣어보세요. 물 200리터 당, 한줌(약40g)정도 넣으면 됩니다. 베이킹 소다의 연수화 작용으로 더운 물이 피부에 좋은 연수로 바뀌어 매끈매끈한 피부를 만들어 줍니다. 또 베이킹 소다 가루를 넣은 욕조는 자연히 물때 방지까지 되지요.

세면대

세면대 청소

세면대에 들러붙은 비누나 치약 등의 찌꺼기는 구연산수를 스프레이 한 후, 스펀지로 문질러 청소합니다.

준비물 　구연산수, 스펀지
빈도 　3일에 한번
속성 　알칼리성

1　세면대의 비누 찌꺼기가 붙은 부분에 구연산수를 뿌립니다.
2　적신 스펀지로 더러운 부분을 문지르고 물로 씻어냅니다.

수도꼭지의 검은 얼룩 청소

평소에는 마른 수건으로 닦으면 되지만 검은 얼룩이 신경쓰인다면 수도 꼭지에 구연산팩을 해서 확실하게 청소하세요.

준비물 　구연산팩, 베이킹 소다 가루, 스펀지, 천
빈도 　일주일에 한번
속성 　알칼리성

1　검은 얼룩이 신경쓰이는 부분에 구연산팩을 바르고 약 2시간 정도 그대로 두세요.
2　구연산팩을 벗겨내고 베이킹 소다 가루를 뿌리세요.
3　적신 스펀지로 문지르고 마른 걸레로 닦아내세요.

브러시에 붙은 유분 제거

두피의 유분으로 누렇게 된 브러시를 베이킹 소다로 관리하세요. 청결한 브러시를 사용하면 머리카락도 찰랑찰랑해집니다.

준비물 　베이킹 소다 가루, 물, 세숫대야
빈도 　일주일에 한번
속성 　산성

1　세숫대야에 물을 담고 베이킹 소다 가루를 뿌리세요.
2　더러워진 브러시를 담고 하룻밤 그대로 둡니다.
3　흐르는 물에 잘 헹구고 그대로 잘 건조시키세요.

세면대의 찌든 때 청소

방치되어 들러붙은 비누 찌꺼기나 물때에는 구연산팩을 사용해보세요. 오염 속에 깊이 침투해서 찌든 때도 깨끗이 청소할 수 있어요.

준비물　구연산팩, 베이킹 소다 가루, 스펀지
빈도　　일주일에 한번
속성　　알칼리성

1　더러워진 부분에 구연산팩을 붙이고 약 1시간 정도 그대로 둡니다.
2　구연산팩을 벗기고 베이킹 소다 가루를 뿌리세요.
3　젖은 스펀지로 문지르고 물로 씻어냅니다.

욕실 거울 청소

손때 등으로 더러워진 거울은 베이킹 소다 가루로 문질러서 관리하세요. 베이킹 소다 가루의 부드러운 입자가 손때를 부드럽게 제거해줍니다.

준비물　베이킹 소다수, 베이킹 소다 가루, 스펀지, 마른 걸레
빈도　　3일에 한번
속성　　산성

1　거울 전체에 베이킹 소다수를 뿌리고 3~5분 그대로 둡니다.
2　스펀지에 베이킹 소다 가루를 묻혀서 문지릅니다.
3　마른 걸레로 닦아줍니다.

양치컵 닦기

컵에 붙은 치약 찌꺼기나 물때는 구연산수를 뿌린 행주로 닦으면 간단히 제거할 수 있습니다.

준비물　구연산수, 행주
빈도　　일주일에 한번
속성　　알칼리성

1　행주에 구연산수를 뿌립니다.
2　더러워진 부분을 닦아주세요.
3　물로 씻어냅니다.

변기

변기 청소

변기에 붙은 누런 얼룩이나 더러움은 베이킹 소다 가루의 연마 작용을
이용해서 닦으면 눈 깜짝할 사이에 반짝반짝해져요.

준비물	베이킹 소다 가루, 변기솔
빈도	매일
속성	알칼리성

1　변기 전체에 베이킹 소다 가루를 뿌리고 그대로 5〜10분
　그대로 두세요.
2　변기솔로 문지르고 물로 씻어내리세요.

변좌 청소

여러 사람이 앉는 변좌는 항상 깨끗하게 하고 싶은 곳이지요. 습관처럼
베이킹 소다수를 자주 뿌려서 청결을 유지하세요.

준비물	베이킹 소다수, 천
빈도	그때마다
속성	산성

1　변좌에 베이킹 소다수를 뿌립니다.
2　마른 천으로 닦아냅니다.
3　변좌의 안쪽과 뚜껑도 같은 방법으로 닦습니다.

변기 물탱크 속 청소

청소하기 어려운 변기 물탱크 속은 베이킹 소다 가루를 흘려넣어서 청소
하세요. 변기 안도 동시에 깨끗해지는 효과가 있어요.

준비물	베이킹 소다 가루
빈도	일주일에 한번
속성	알칼리성

1　베이킹 소다 가루를 물탱크의 구멍 안으로 듬뿍 뿌려넣으세요.
2　그대로 하룻밤 두었다가 물을 내리세요.

변기의 찌든 때 청소

변기에 들러붙은 누런 얼룩 등 지독한 찌든 때는 구연산수로 중화시킨 후, 베이킹 소다 가루로 닦으면 깨끗해져요.

준비물   구연산수, 베이킹 소다 가루, 변기솔
빈도   일주일에 한번
속성   알칼리성

1   더러워진 부분에 구연산수를 뿌리고 5〜10분 그대로 두세요.
2   위에서부터 베이킹 소다 가루를 듬뿍 뿌리세요.
3   변기솔로 문지르고 물로 씻어내리세요.

변기 물탱크 청소

하얀 물탱크가 더러우면 비위생적인 인상을 줍니다. 베이킹 소다 가루를 이용해서 항상 반짝반짝하게 유지하세요.

준비물   베이킹 소다 가루, 스펀지
빈도   3일에 한번
속성   알칼리성

1   베이킹 소다 가루를 물탱크 전체에 뿌립니다.
2   적신 스펀지로 문지릅니다.
3   물을 흘려보내며 스펀지로 헹굽니다.

화장실 바닥 청소

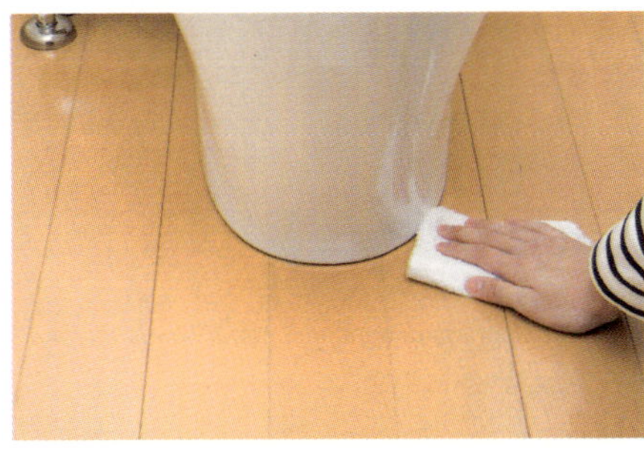

화장실 바닥에는 비누 찌꺼기나 물때 등이 생기기 쉽습니다. 구연산수로 확실하게 중화해서 청소해보세요.

준비물   구연산수, 베이킹 소다 가루
빈도   일주일에 한번
속성   알칼리성

1   구연산수를 바닥 전체에 스프레이하세요.
2   베이킹 소다 가루를 뿌려서 마른 걸레로 닦습니다.
3   물기를 꼭 짠 걸레로 닦아냅니다.

화장실 매트 청소

화장실 매트 역시 더러워지기 쉽습니다. 더러워진 부분에 베이킹 소다 가루를 뿌려서 비빈 후에 물세탁하세요.

준비물 베이킹 소다 가루, 칫솔
빈도 더러워지면
속성 산성

1 더러워진 부분에 베이킹 소다 가루를 뿌립니다.
2 칫솔로 더러운 부분을 문질러서 스며들도록 해주세요.
3 매트 전체를 물세탁합니다.

변기솔 청소

변기솔은 늘 세균이 가득합니다. 꼭 정기적으로 손질해주세요.

준비물 베이킹 소다 가루, 변기솔
빈도 일주일에 한번
속성 산성

1 변기의 물이 고인 부분에 베이킹 소다 가루를 뿌립니다.
2 변기솔로 베이킹 소다를 녹인 후, 2~3분 담갔다가 물로 씻어냅니다.

변기 커버 세탁

변기 커버를 옷과 같이 세탁하기엔 왠지 찜찜하지요? 세숫대야에 베이킹 소다 가루를 풀어 손빨래해보세요.

준비물 베이킹 소다 가루, 뜨거운 물, 세숫대야
빈도 일주일에 한번
속성 산성

1 뜨거운 물을 담은 세숫대야에 베이킹 소다 가루를 넣어 녹이세요.
2 변기 커버를 담그고 1~2시간 정도 그대로 둡니다.
3 물로 잘 헹구세요.

휴지걸이 청소

매일 손이 닿는 휴지걸이의 손때는 베이킹 소다수로 더러움을 중화시켜서 구연산수로 항균하세요. 늘 청결하게 사용할 수 있어요.

준비물　구연산수, 베이킹 소다수
빈도　　일주일에 한번
속성　　산성

1　베이킹 소다수를 휴지걸이에 뿌리고 천으로 닦습니다.
2　구연산수를 뿌리고 마른 걸레로 닦아냅니다.

휴지통 냄새 제거

휴지통 냄새도 베이킹 소다로 해결할 수 있어요. 사용하기 전에 베이킹 소다 가루를 뿌려두면 됩니다.

준비물　베이킹 소다 가루
빈도　　사용 전
속성　　산성

1　휴지통에 베이킹 소다 가루를 뿌립니다.

변기솔의 찌든 때

변기솔이 너무 더러울 때는 구연산수 1컵에 소금 1큰술을 녹인 액체를 사용하면 효과적입니다. 빈 병에 변기솔을 넣고 이 액체를 넣어서 하룻밤 두세요. 그러면 균도 없어지고 놀랄 정도로 깨끗해집니다.

KITCHEN

부
엌

더러워지기 쉬운 싱크대를 베이킹 소다로 반짝반짝하게!
부엌은 기름때와 손때로 늘 더러워지기 쉽지요.
매일 사용하는 장소일수록 베이킹 소다 파워를 활용해서 청결하게 관리해보세요.

배수관 뚫기

배수관이 막힐 때마다 독한 세제를 붓지 말고 친환경 베이킹 소다를 써 보세요.
베이킹 소다 가루와 뜨거운 물을 흘려 넣으면 배수관이 잘 뚫립니다.

준비물　　베이킹 소다 가루, 뜨거운 물, 랩, 칫솔, 스펀지
빈도　　　그때마다
속성　　　산성

1　　배수관에 베이킹 소다 1/2컵을 붓습니다.

2　　뜨거운 물 1ℓ를 흘려 넣습니다.

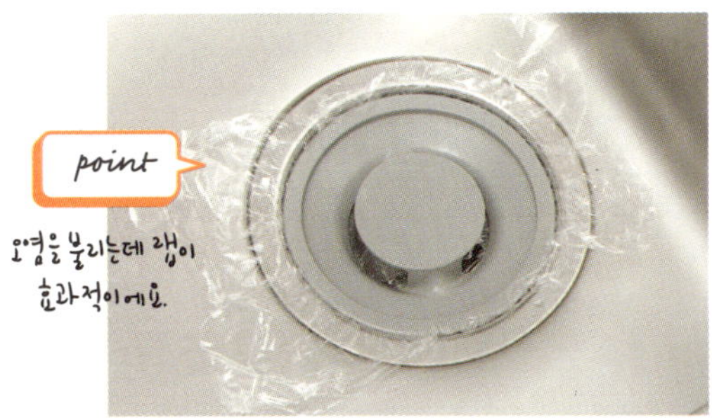

오염을 불리는데 랩이
효과적이에요.

3　　배수구에 랩을 씌워 뚜껑을 덮고 하룻밤 그대로
둡니다.

4　　스펀지로 더러운 부분을 문지르세요.

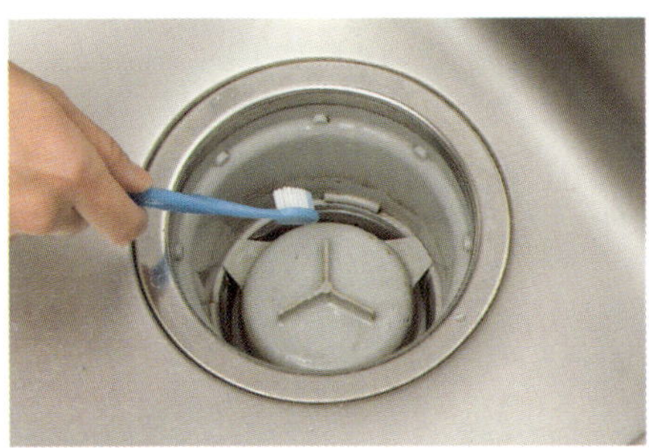

5　　칫솔로 세세한 부분을 문지릅니다.

6　　뜨거운 물 1ℓ로 씻어냅니다.

싱크대

배수구 청소

배수구의 미끈거리는 감촉과 불쾌한 냄새는 늘 고민거리지요. 베이킹 소다 가루와 구연산 가루의 발포 작용으로 깔끔하게 청소할 수 있습니다.

준비물	구연산 가루, 베이킹 소다 가루, 뜨거운 물
빈도	2주에 한번
속성	산성

1   배수구에 베이킹 소다 가루 1/2컵을 넣습니다.
2   구연산 가루 1컵을 넣고 뜨거운 물을 부어 거품이 생기면 뚜껑을 덮습니다.
3   1시간 정도 지나 뜨거운 물로 씻어냅니다.

싱크대 청소

싱크대의 물때는 베이킹 소다와 구연산수를 사용해 없앨 수 있습니다. 싱크대 주변을 항상 깨끗하게 관리해보세요.

준비물	구연산수, 베이킹 소다 가루, 행주, 스펀지
빈도	3일에 1번
속성	알칼리성

1   싱크대에 베이킹 소다 가루를 뿌리고 스펀지로 문질러 주세요.
2   구연산수를 스프레이합니다.
3   물로 씻어 내고 마른 행주로 물기를 닦아냅니다.

싱크대 아래 쪽 냄새 제거

냄새가 고여있기 쉬운 싱크대 아래 쪽에는 베이킹 소다 가루를 담은 병을 천으로 덮어 넣어두세요. 청소할 때도 바로 사용할 수 있어 편리해요.

준비물	베이킹 소다 가루, 병(입구가 넓은 것), 통기성 있는 천, 끈
빈도	2~3개월에 한번
속성	산성

1   입구가 넓은 병에 베이킹 소다 가루를 듬뿍 넣고 바람이 잘 통하는 천으로 덮은 후, 끈으로 고정하세요.
2   싱크대 아래 쪽에 놓아두세요.

배수구 주변 청소

배수구 주변 악취의 원인은 음식 찌꺼기 때문입니다. 베이킹 소다 가루와 소금으로 청소해보세요. 청결하게 관리할 수 있어요.

준비물　베이킹 소다 가루, 소금
빈도　일주일에 한번
속성　산성

1　배수구 주변에 베이킹 소다와 소금을 각각 1/2컵씩 넣습니다.
2　배수구 주변과 배수구 안에 뜨거운 물 1ℓ를 흘려 넣습니다.
3　하룻밤 두었다가 다시 한 번 뜨거운 물 1ℓ로 씻어냅니다.

수도꼭지 물 때 청소

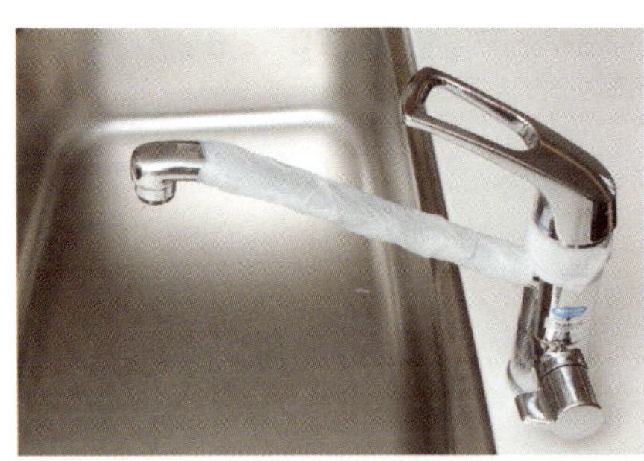

쉽게 닦아지지 않는 수도꼭지의 물때는 구연산팩과 베이킹 소다 페이스트로 철저하게 닦아주세요. 깨끗하게 닦을 수 있어요.

준비물　구연산팩, 베이킹 소다 페이스트, 칫솔, 천
빈도　한달에 한번
속성　알칼리성

1　수도꼭지에 구연산팩을 바르고 2~3시간 두었다가 떼어냅니다.
2　베이킹 소다 페이스트를 바른 칫솔로 광을 내고 물로 씻어낸 후, 마른 천으로 물기를 닦아주세요.

싱크대 청소는 매일매일!

싱크대 청소는 매일매일 하는 것이 효과적입니다. 설거지 통 안에 베이킹 소다 가루를 뿌려두고 식기를 넣어서 설거지를 마친 후, 그 물을 싱크대에 내려보내면 OK. 마지막으로 마른 천으로 물기를 닦아내는 것도 잊지 마세요.

가스레인지

가스레인지 청소

가스레인지의 끈적끈적한 기름때는 베이킹 소다와 스펀지를 사용해서 문질러 없앱니다. 냄새나 찐득거림이 싹 없어져서 기분이 상쾌해져요!

준비물	베이킹 소다 가루, 스펀지, 행주
빈도	그때마다
속성	산성

1 기름때에 베이킹 소다 가루 1큰스푼을 뿌리고, 젖은 스펀지로 닦아 냅니다.
2 물기를 꼭 짠 행주로 닦아냅니다.

가스레인지 받침 청소

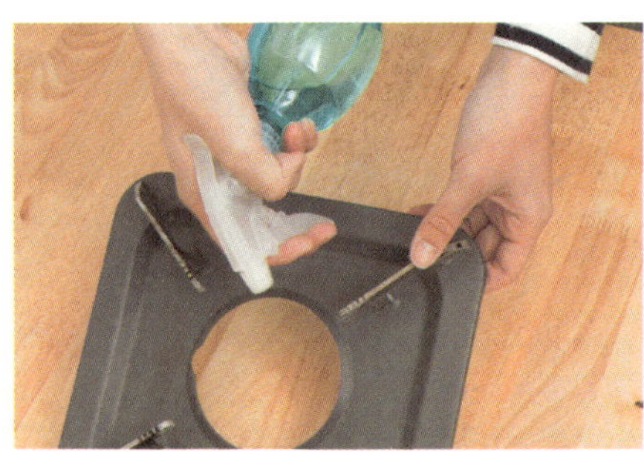

가스레인지 받침은 음식 찌꺼기가 굳어지기 곳입니다. 중성세제에 베이킹 소다 가루를 넣어서 닦으면 쉽게 청소할 수 있어요.

준비물	구연산수, 베이킹 소다 가루, 중성세제, 스펀지
빈도	한 달에 한번
속성	산성

1 중성세제로 더러운 부분을 문지르고 약 10분 정도 그대로 둡니다.
2 베이킹 소다 가루를 뿌려 스펀지로 문지른 후, 물로 씻어내세요.
3 구연산수를 뿌려주세요.

그릴 청소

기름때와 악취가 들러붙기 쉬운 그릴. 베이킹 소다를 뿌리면 기름기 흡수와 함께 냄새까지 깨끗하게 사라집니다.

준비물	베이킹 소다 가루, 스펀지, 중성세제, 천
빈도	그때마다
속성	산성

1 생선구이 그릴에 베이킹 소다를 뿌려주세요.
2 적신 스펀지에 중성세제를 묻혀서 닦습니다.
3 젖은 천으로 닦아내고 물로 씻어냅니다.

가스레인지 찌든 때 청소

잘 지워지지 않는 찌든 기름때는 베이킹 소다 가루를 듬뿍 뿌려 점토상태로 만든 후, 신문지로 닦아내는 것이 좋습니다.

준비물	베이킹 소다 가루, 신문지, 천
빈도	더러워지면
속성	산성

1 기름때에 충분한 베이킹 소다 가루를 뿌리고 오염과 함께 섞어서 점토 상태로 만드세요.

2 신문지로 닦아내고 한번 더 꼭 짠 행주로 닦아내세요.

전기레인지 청소

베이킹 소다 + 뜨거운 물 + 구연산으로 마무리하고 신경쓰이는 오염에는 베이킹 소다 페이스트를 발라 약 30분간 그대로 둡니다.

준비물	베이킹 소다+뜨거운 물, 베이킹 소다 페이스트, 구연산수, 스펀지, 행주
빈도	그때마다
속성	산성

1 베이킹 소다 + 뜨거운 물에 적신 행주를 짜서 전체를 닦아주세요.

2 베이킹 소다 페이스트를 바르고 스펀지로 문지르세요.

3 구연산수를 뿌리고 꼭 짠 행주로 닦아 마무리합니다.

그릴 더러움 방지

그릴의 바닥면에 베이킹 소다 가루를 골고루 깔아두면 기름이 굳어져서 청소가 간단해집니다.

준비물	베이킹 소다 가루
빈도	그때마다
속성	산성

1 생선구이 그릴의 아래 면에 베이킹 소다를 빈틈없이 깔아주세요.

2 기름이 굳어져 떨어지면 베이킹 소다를 버리세요. 버린 분량만큼 베이킹 소다를 보충해주고 베이킹 소다가 검어지면 교환합니다.

전자레인지, 오븐 토스터

전자레인지 청소

전자레인지는 때가 잘 타고 더러워지기 쉽습니다. 사용 후에는 베이킹 소다 가루를 묻혀 닦아내면 청결을 유지할 수 있어요.

준비물	베이킹 소다 가루, 행주
빈도	그때마다
속성	산성

1 적신 행주에 베이킹 소다 가루를 묻히고 전자레인지 안을 닦습니다.
2 바깥도 같은 방법으로 닦습니다.

전자레인지 냄새 제거

냄새가 배기 쉬운 전자레인지 내열용기에 베이킹 소다 가루를 담아 넣어 둡니다. 사용할 때마다 내열용기를 꺼내면 됩니다.

준비물	베이킹 소다 가루, 내열용기
빈도	3개월에 한번
속성	산성

1 내열용기에 베이킹 소다 가루를 넣고 전자레인지 속에 넣어두세요.

전자레인지 문 청소

전자레인지나 오븐 토스터의 유리문 청소도 베이킹 소다 페이스트로 간단하게 해결돼요. 더러워졌을 때 바로 닦는 것이 좋지요.

준비물	베이킹 소다 페이스트, 종이타올, 행주
빈도	그때마다
속성	산성

1 유리문에 베이킹 소다 페이스트를 바르고 잠시 그대로 두세요.
2 종이타올로 더러움을 문질러 제거하고 적신 행주로 닦아주세요.

오븐 토스터 눌어 붙은 때 제거

오븐 토스터의 청소는 탄 찌꺼기를 깨끗이 떼어낸 후, 베이킹 소다 가루를 묻힌 칫솔로 닦아주세요. 마지막엔 구연산수로 마무리합니다.

준비물	구연산수, 베이킹 소다 가루, 칫솔, 행주
빈도	한달에 한번
속성	산성

1 오븐 토스터 내부의 탄 찌꺼기를 긁어 내세요.
2 적신 칫솔에 베이킹 소다 가루를 묻혀서 문지르세요.
3 구연산수를 뿌리고 행주로 닦아냅니다.
※알루미늄 트레이에는 베이킹 소다를 사용하지 마세요.

baking soda's tip

전자레인지 찌든 때 없애기!

방치된 채, 때가 단단히 달라붙은 전자레인지를 청소할 땐 베이킹 소다수를 내열용기에 넣어 전자레인지로 데우세요. 전자레인지에 생긴 수증기를 천으로 닦아내면 깨끗해집니다. 바쁠 땐, 전자레인지 속이 아직 뜨거울 때 구연산수를 뿌리고 때를 불려 마른 천으로 닦아주세요.

매일 매일 베이킹 소다+물로 닦기

바쁠 땐 구연산수를 한번 뿌리고 닦아내기

냉장고

냉장고 청소

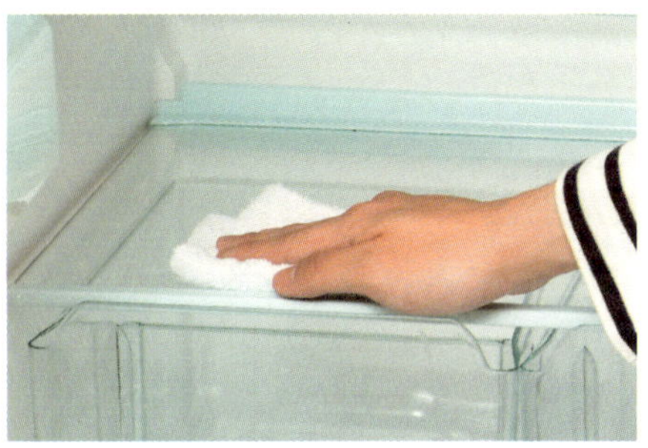

여러 가지 식재료를 보관하는 냉장고, 깨끗하게 관리하기 쉽지 않아요. 물기를 꽉 짠 행주에 베이킹 소다 가루를 묻혀서 닦아주세요.

준비물	베이킹 소다 가루, 행주
빈도	그때마다
속성	산성

1　꼭 짠 행주에 베이킹 소다 가루를 묻히세요.
2　얼룩을 문질러 없애고 적신 행주로 닦아냅니다.

냉장고 속 냄새 제거

음식물이 썩어서 생긴 악취는 베이킹 소다수를 뿌리거나 베이킹 소다 가루를 넣어 제거하세요.

준비물	베이킹 소다수, 베이킹 소다 가루, 행주, 용기
빈도	그때마다
속성	산성

1　냉장고 안에 베이킹 소다수를 뿌리고 마른 행주로 닦아냅니다.
2　빈 용기에 베이킹 소다 가루를 넣고 뚜껑을 연 채로 둡니다.

냉장고 속 녹 제거

냉장고 안에 생긴 녹은 식재료에서 나오는 수분이 주요 원인이지요. 녹을 발견하면 베이킹 소다 페이스트를 발라서 빨리 닦아내세요.

준비물	베이킹 소다 페이스트, 행주
빈도	녹이 눈에 띄면
속성	산성

1　녹 부분에 베이킹 소다 페이스트를 발라주세요.
2　꽉 짠 행주로 문질러 닦습니다.

냉장고 손때 닦기

냉장고에 생긴 손때를 챙겨서 청소하기 쉽지 않아요. 스펀지에 베이킹 소다 가루를 묻혀서 자주자주 닦아내세요.

준비물	베이킹 소다 가루, 스펀지, 행주
빈도	일주일에 한번
속성	산성

1 적신 스펀지에 베이킹 소다 가루를 묻혀주세요.
2 손때를 문질러 없애고 젖은 행주로 닦아내주세요.

냉장고 속 찌든 때 청소

조미료나 국물 등이 흘러서 굳어 버린, 떨어지지 않는 지독한 찌든 때는 베이킹 소다 가루와 구연산팩으로 깨끗하게 제거하세요.

준비물	구연산팩, 베이킹 소다 가루, 행주
빈도	그때마다
속성	산성

1 찌든 때 위에 베이킹 소다 가루 1큰술을 뿌립니다.
2 그 위에 구연산팩을 올려서 잠시 그대로 둡니다.
3 찌든 때가 부드러워지면 젖은 행주로 닦아냅니다.

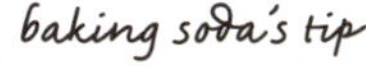

목탄으로 냄새를 없애보세요.

냉장고를 열면 확 느껴지는 악취를 방지하고 싶을 땐 베이킹 소다로 청소한 다음에 목탄을 넣어두세요. 목탄은 냄새를 빨아들이는 효과가 있기 때문에 채소나 과일에서 나오는 에틸렌가스를 흡수합니다.
또 식품을 신선하게 하는 효과도 있습니다.

조리 기구

전기포트 내부 닦기

전기포트 내부에는 눈에 보이지 않는 더러움이 가득합니다. 베이킹 소다 가루를 넣고 끓인 뜨거운 물로 뽀득뽀득하게 만들어보세요.

준비물 베이킹 소다 가루, 물, 스펀지
빈도 일주일에 한번
속성 산성

1 전기포트에 물 250㎖와 베이킹 소다 가루 1큰술을 넣고 끓입니다.
2 물을 버리고 떠오른 때를 스펀지로 문지른 후, 깨끗한 물로 다시 씻어내세요.
※물은 전기포트의 용량에 맞추세요.

프라이팬 기름때 닦기

조리가 끝난 후, 바로 베이킹 소다 가루와 물을 부어 불 위에 올려두세요. 식사를 하는 동안 베이킹 소다 가루가 기름때를 분해시킵니다.

준비물 베이킹 소다 가루, 스펀지
빈도 그때마다
속성 산성

1 조리 직후에 프라이팬에 물을 붓습니다.
2 베이킹 소다 가루를 뿌린 후, 불에 올려 끓기 직전까지 데우세요.
3 식을 때까지 두었다가 스펀지로 씻어냅니다.

주전자 표면 손질

바깥 면의 그을음은 베이킹 소다 페이스트로 닦고, 안쪽의 물때는 구연산수를 넣어서 끓인 후, 하룻밤 두었다가 헹구면 됩니다.

준비물 베이킹 소다 페이스트, 스펀지, 천
빈도 더러워지면
속성 산성

1 그을리거나 탄 자국이 있는 부분에 베이킹 소다 페이스트를 바릅니다.
2 적신 스펀지로 문질러주세요.
3 물로 헹군 후, 마른 천으로 닦습니다.

필터 홀더 세척

홈이 많은 필터 홀더의 더러움은 제거하기 쉽지 않아요. 이럴 땐 칫솔을
사용하여 세세한 곳까지 깔끔하게 닦아내면 됩니다.

준비물	베이킹 소다 가루, 칫솔
빈도	2주에 한번
속성	산성

1　필터 홀더의 안쪽을 물에 적시고 베이킹 소다 가루를 뿌려
　　잠시 그대로 두세요.

2　칫솔로 더러워진 부분을 문지르고 물로 씻어내세요.

오일포트 기름때 닦기

오일포트에 착 달라붙은 지독한 기름때는 베이킹 소다 가루와 비누로 닦
으면 됩니다. 마지막에 구연산수를 뿌려주면 깨끗해져요.

준비물	구연산수, 베이킹 소다 가루, 비누, 스펀지, 행주
빈도	한 달에 한번
속성	산성

1　스펀지에 비누를 묻혀서 거품을 내세요.

2　오일포트에 베이킹 소다 가루를 뿌려서 ①로 문지릅니다.

3　구연산수를 스프레이하고 마른 행주로 닦아냅니다.

믹서 손질

닦기 어려운 믹서 내부도 베이킹 소다 가루를 이용하여 깨끗이 관리하세
요. 베이킹 소다 가루와 물을 넣어 가동시키면 됩니다.

준비물	베이킹 소다 가루
빈도	그때마다
속성	산성

1　믹서에 물 2/3컵과 베이킹 소다 가루 1큰술을 넣습니다.

2　믹서를 약 3분간 가동시켜 물을 갈아줍니다.

3　다시 한 번 약 3분간 가동시킨 후, 물로 잘 헹굽니다.

냄비 안쪽 탄 자국 닦기

잘 벗겨지지 않는 냄비 내부의 탄 자국. 베이킹 소다 가루와 구연산수를 섞어서 한번 펄펄 끓여주세요. 의외로 간단하게 제거됩니다.

준비물 구연산수, 베이킹 소다 가루, 스펀지
빈도 그때마다
속성 산성

1 냄비의 탄 부분이 안 보일 정도의 물을 넣고 베이킹 소다 가루와 구연산수를 2큰술씩 넣어서 끓이세요.
2 불을 끄고 하룻밤 두었다가 스펀지로 문질러서 물로 씻어 냅니다.

전기 포트 겉면 더러움 닦기

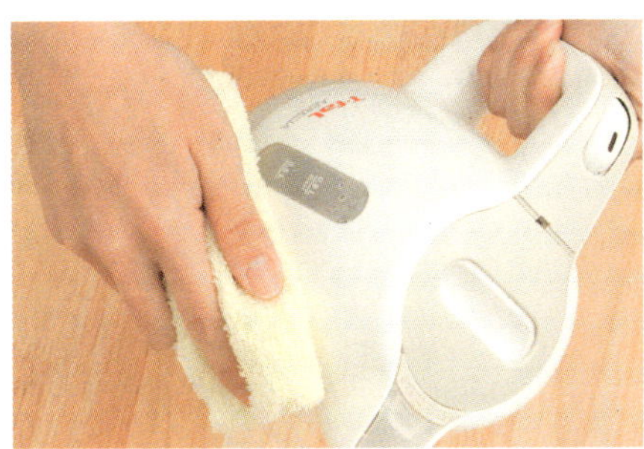

전기포트의 겉면은 먼지나 손 때 등으로 생각보다 무척 지저분합니다. 베이킹 소다수를 뿌린 다음 닦아내면 됩니다.

준비물 베이킹 소다수, 베이킹 소다 가루, 행주
빈도 그때마다
속성 산성

1 전기포트의 표면에 베이킹 소다수를 뿌려주세요.
2 꽉 짠 행주에 베이킹 소다 가루를 묻혀서 닦습니다.
3 젖은 행주로 닦아냅니다.

거품기 닦기

거품기를 자세히 보면 윗부분이 무척 더럽다는 걸 알 수 있어요. 베이킹 소다수에 넣어서 흔들어 닦으면 놀랄 정도로 깨끗해집니다.

준비물 베이킹 소다 가루, 중성세제
빈도 그때마다
속성 산성

1 식기용 대야에 미지근한 물을 넣고 베이킹 소다 가루 4큰술과 중성세제 몇 방울을 넣습니다.
2 거품기를 물 속에서 흔들며 닦은 후 말립니다.

냄비 표면 탄 자국 닦기

불에 올렸을 때 생긴 표면의 탄 자국은 베이킹 소다 가루와 구연산수로 팩을 해서 없애주세요.

준비물	구연산수, 베이킹 소다 가루, 랩, 스펀지
빈도	그때마다
속성	산성

1 탄 자국에 베이킹 소다 가루와 구연산수 1/2 을 뿌리고 랩으로 3~4 시간 정도 팩을 합니다.

2 스펀지로 문지르고 물로 씻어냅니다.

질그릇 냄비 탄 자국 닦기

중성세제로 씻으면 세제 성분이 냄비 안에 쌓이기 때문에 걱정이지만 베이킹 소다라면 안심할 수 있어요.

준비물	베이킹 소다 가루, 스펀지
빈도	그때마다
속성	산성

1 탄 부분에 베이킹 소다 가루를 뿌립니다.

2 젖은 스펀지로 닦아냅니다.

3 물로 씻어내고 잘 말립니다.

알루미늄 냄비에는 베이킹 소다 NO!

질그릇 외에 철, 구리, 법랑, 내열 글라스, 불소 가공된 냄비도 베이킹 소다 가루로 씻을 수 있습니다. 단 알루미늄제의 냄비에 베이킹 소다 가루를 사용하면 검어지기 때문에 사용할 수 없어요. 알루미늄 냄비는 베이킹 소다 가루 대신 구연산 가루를 쓰면 깨끗해집니다.

식도 녹 제거

고기나 생선의 지방, 채소의 수분 등으로 식도에 생긴 녹은 베이킹 소다 가루로 없앨 수 있어요. 깨끗이 씻은 후에 잘 말려주세요.

준비물 구연산수, 베이킹 소다 가루, 스펀지, 행주
빈도 녹이 눈에 띄면
속성 산성

1 스펀지에 베이킹 소다 가루를 묻혀서 식도를 문지릅니다.
2 물로 씻어내고 구연산수를 뿌려주세요.
3 식도를 행주 위에 올려서 완전히 말립니다.

플라스틱 소쿠리 씻기

식재료 찌꺼기가 잘 끼는 플라스틱 소쿠리는 베이킹 소다수에 담궈두면 쉽게 깨끗해집니다. 부드럽게 다루는 것이 포인트입니다.

준비물 베이킹 소다 가루, 중성세제, 식기용 대야
빈도 그때마다
속성 산성

1 미지근한 물을 채운 식기용 대야에 베이킹 소다 가루 4큰술과 중성세제를 넣고 플라스틱 소쿠리를 몇 분간 담가놓습니다.
2 물 속에서 여러 번 흔들고 물로 씻어냅니다.

도마 냄새 제거

다양한 식재료를 자르는 도마에는 냄새도 쉽게 배이지요. 사용 후에 베이킹 소다 페이스트를 발라서 특유의 냄새를 없애보세요.

준비물 베이킹 소다 페이스트, 행주
빈도 2주에 한번
속성 산성

1 도마에 베이킹 소다 페이스트를 바르고 젖은 행주로 전체에 펴 바릅니다.
2 약 10분간 그대로 둡니다.
3 물로 씻어내고 잘 말리세요.

병따개 닦기

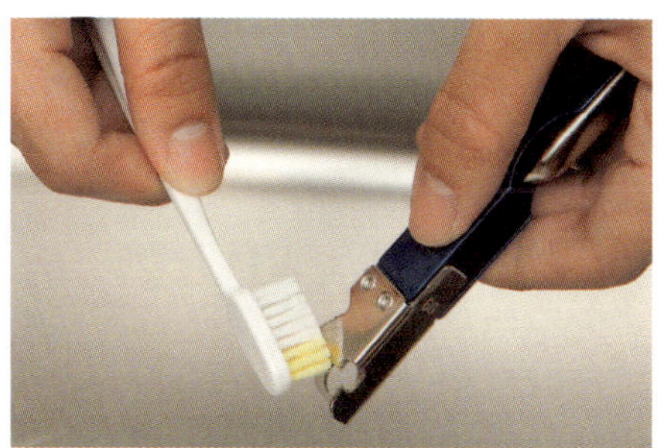

액체가 묻어 녹이 생기기 쉬운 병따개는 베이킹 소다수에 넣어 더러움을 불린 후, 칫솔로 녹을 문질러 제거하세요.

준비물	베이킹 소다 가루, 식기용 대야, 칫솔
빈도	더러워지면
속성	산성

1 식기용 대야에 미지근한 물을 넣고 베이킹 소다 가루 4큰술을 녹여서 약 30분 정도 병따개를 담급니다.

2 칫솔로 더러움을 문질러 없애고 물로 씻어낸 후, 말립니다.

도마 세척

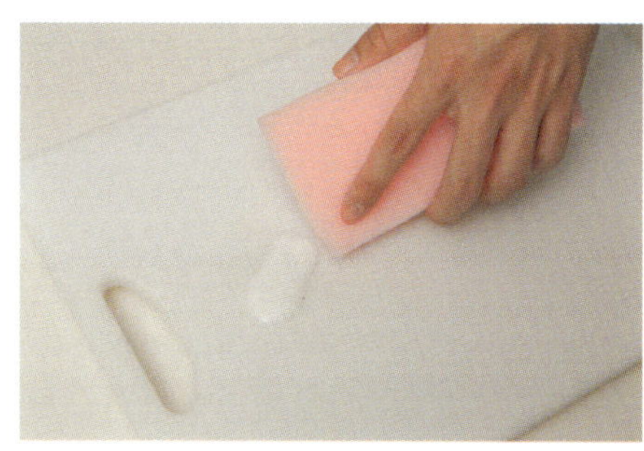

도마 세척에는 베이킹 소다 페이스트와 구연산수를 함께 사용하면 오염 제거와 동시에 항균 효과도 기대할 수 있습니다.

준비물	구연산수, 베이킹 소다 페이스트, 스펀지
빈도	그때마다
속성	산성

1 베이킹 소다 페이스트를 도마에 발라주세요.

2 젖은 스펀지로 문지르고 물로 씻어냅니다.

3 구연산수를 뿌려줍니다.

채칼에는 종려나무 수세미를 사용하세요.

채칼을 씻을 때에는 종려나무 수세미를 사용해보세요.
플라스틱을 거친 수세미로 문지르면 홈집이 생길 수 있어요.
하지만 종려나무 수세미에 베이킹 소다 가루를 발라서
닦으면 약간 힘을 줘도 홈집 없이 깨끗하게 닦아낼 수 있어요.

식기

플라스틱 밀폐용기 닦기

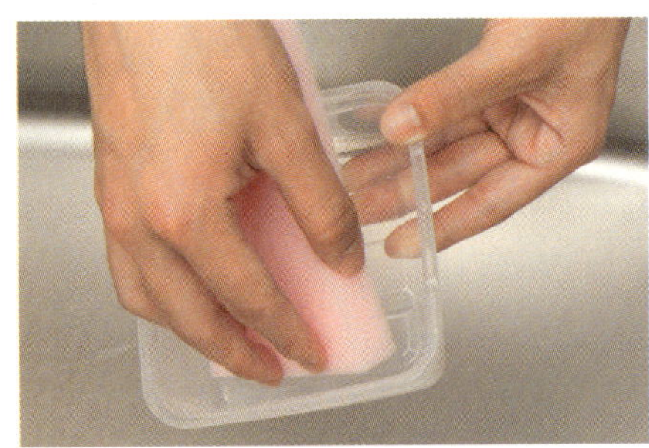

남은 음식 등을 넣어두는 밀폐용기에는 국물이나 기름때가 배기 쉽지요. 베이킹 소다 가루를 사용하면 냄새나 미끈거림도 없앨 수 있어요.

준비물　베이킹 소다 가루, 스펀지
빈도　　그때마다
속성　　산성

1　밀폐용기 전체에 베이킹 소다 가루를 뿌려주세요.
2　적신 스펀지로 문지릅니다.
3　물로 씻어냅니다.

간장병 찌든 얼룩 닦기

아무리 신경을 써도 간장병은 쉽게 더러워집니다. 베이킹 소다수를 스프레이하고 닦아내면 찌든 얼룩을 없앨 수 있지요.

준비물　베이킹 소다수, 행주
빈도　　그때마다
속성　　산성

1　더러운 부분에 베이킹 소다수를 뿌리고 적신 행주로 닦아냅니다. 찌든 때가 생기기 쉬운 병 주둥이 주변도 같은 방법으로 닦아주세요.

식기 기름기 닦기

세제로 씻은 후에 남아있는 기름기는 베이킹 소다 가루로 유분을 굳게 해서 떨어뜨리세요.

준비물　베이킹 소다 가루, 주걱, 세면기, 스펀지
빈도　　그때마다
속성　　산성

1　기름기가 묻은 부분에 베이킹 소다 가루를 뿌리세요.
2　굳어지면 주걱으로 긁어냅니다.
3　뜨거운 물에 담가서 스펀지로 닦습니다.

텀블러 손질

텀블러나 물통의 내부는 베이킹 소다 가루와 구연산 가루의 발포 작용을
이용해서 닦아주세요. 배어있던 냄새도 깔끔하게 사라져요.

준비물　구연산 가루, 베이킹 소다 가루, 뜨거운 물
빈도　　일주일에 한번
속성　　알칼리성

1　텀블러에 베이킹 소다 가루 2큰술, 구연산 1큰술,
　　뜨거운 물 1컵을 넣습니다.
2　뚜껑을 닫고 가볍게 흔든 후, 물로 씻어냅니다.

아이스 메이커 닦기

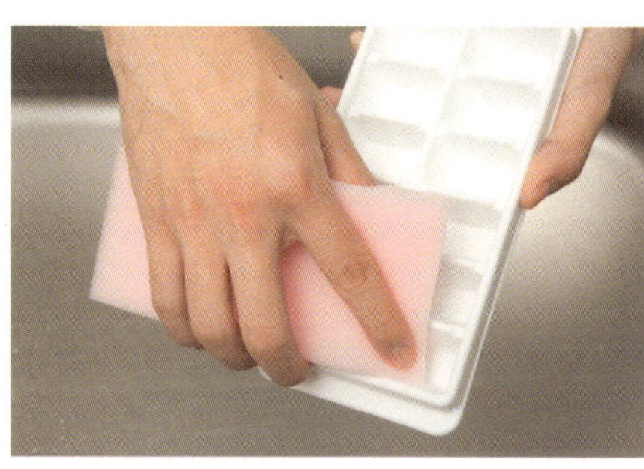

아이스 메이커에는 물의 미네랄에서 나온 칼슘분에 의한 하얀 얼룩이 생
기기 쉽지요. 구연산수를 뿌려 얼룩을 분해하면 됩니다.

준비물　구연산수, 스펀지
빈도　　2주일에 한번
속성　　알칼리성

1　아이스 메이커에 구연산수를 뿌려줍니다.
2　마른 스펀지로 잘 닦아줍니다.
3　물로 씻어냅니다.

찻잔 물때 닦기

찻잔의 물때는 베이킹 소다 가루를 사용하면 흠집없이 제거할 수 있어
요. 그래도 지워지지 않을 때는 구연산수를 뿌리세요.

준비물　베이킹 소다 가루, 스펀지
빈도　　일주일에 한번
속성　　산성

1　적신 스펀지에 베이킹 소다 가루를 뿌립니다.
2　물때가 달라붙어있는 부분을 문지릅니다.
3　물로 씻어냅니다.

콩자반 밑준비

베이킹 소다 가루를 넣으면 콩자반을 단시간에 만들 수 있어요. 베이킹 소다 가루가 단백질을 녹여서 물을 흡수하기 쉽게 해줍니다.

준비물   베이킹 소다 가루
빈도   조리 전

1   콩을 넣은 냄비에 베이킹 소다 가루를 5~6회 뿌린 후 잘 섞습니다.
2   하룻밤 두었다가 그대로 삶으면 됩니다.

커트러리 닦기

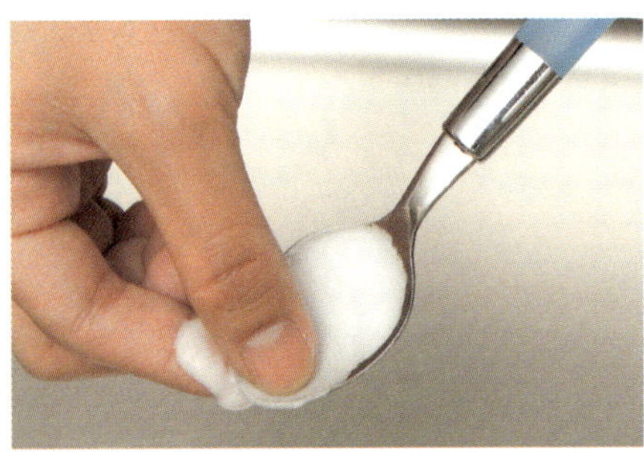

금속 스푼이나 포크의 검은 얼룩은 베이킹 소다 페이스트로 닦아주세요. 새것처럼 반짝여요.

준비물   베이킹 소다 페이스트, 천
빈도   2주에 한번
속성   산성

1   베이킹 소다 페이스트를 스푼에 발라서 손으로 문지릅니다.
2   물로 씻어내고 마른 천으로 닦아줍니다.

채소 씻기

과일이나 채소에 묻어있는 기름기는 베이킹 소다 가루를 뿌려서 문질러 제거하세요. 베이킹 소다는 먹어도 되니까 안심할 수 있어요.

준비물   베이킹 소다 가루, 스펀지
빈도   조리 전

1   채소에 베이킹 소다 가루를 뿌린 후, 문질러서 씻습니다.
2   물로 씻어냅니다. 부드러운 채소나 잎채소는 베이킹 소다물에 담갔다가 씻습니다.

고기를 부드럽게

베이킹 소다 가루를 전체적으로 발라서 구우면 단백질이 분해되어 부드러운 고기 맛을 즐길 수 있어요.

준비물	베이킹 소다 가루
빈도	조리 전

1 고기에 베이킹 소다 가루를 조금 뿌리고 비벼줍니다.
2 약 30분 두었다가 그대로 굽습니다.

유리잔 닦기

유리잔에 얼룩이 생기면 베이킹 소다수를 뿌려서 반짝반짝하게 닦아주세요. 유리 표면에 흠집을 내지 않고 깨끗해져요.

준비물	베이킹 소다수, 스펀지
빈도	일주일에 한번
속성	산성

1 유리잔에 베이킹 소다수를 뿌려줍니다.
2 적신 스펀지로 닦습니다.
3 뜨거운 물로 헹군 후, 건조시킵니다.

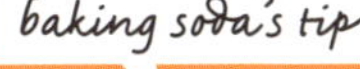

크리스탈 식기도 베이킹 소다로 깨끗하게

고급 크리스탈 식기나 유리잔은 언제까지나 깨끗하게 보존하고 싶지요. 그런 고가의 식기 관리에도 베이킹 소다가 크게 활약합니다. 식기용 대야에 미지근한 물을 붓고 베이킹 소다 가루를 적당량 녹인 후, 담가놓기만 하면 됩니다. 얼룩이 신경쓰이는 경우에는 베이킹 소다수를 뿌린 천으로 닦아내면 된답니다.

LIVING ROOM

거
실

/

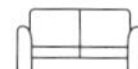

생활공간의 악취와 손때도 베이킹 소다면 OK!
거실에는 눈에 보이지 않는 먼지와 더러움이 가득합니다.
여러 도구를 두루 사용해서
항상 쾌적한 공간을 만들어 보세요.

양탄자에 떨어진 기름 얼룩 제거

찌든 기름 때는 베이킹 소다 가루를 뿌려 덩어리로 만들어서 제거하세요.
잘 떨어지지 않는 기름 얼룩은 베이킹 소다 + 구연산의 발포 작용으로 제거하세요!

준비물　베이킹 소다 가루, 구연산수, 비누, 스펀지, 걸레
빈도　그때마다
속성　산성

1　얼룩 전체에 베이킹 소다 가루를 뿌리세요.

2　젖은 스펀지에 비누를 묻혀서 거품을 냅니다.

point

얼룩으로 굳기 전에
바로 처리하는 것이 중요해요.

3　베이킹 소다 가루를 뿌려둔 얼룩 위를 두드립니다.

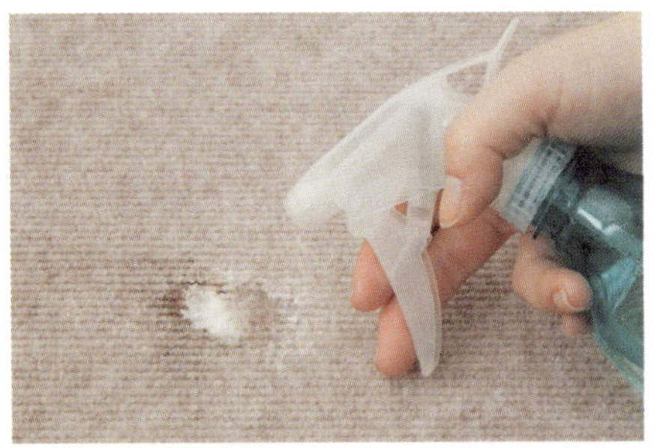

4　그 위에 구연산수를 뿌립니다.

5　젖은 걸레로 두드리듯 문지릅니다.

6　마른 걸레로 물기와 더러움을 닦아내고 말립니다.

거실

양탄자 손질

깨끗해 보여도 눈에 보이지 않는 먼지와 더러움이 가득한 양탄자. 자주 손질해서 청결하게 유지하세요.

준비물   베이킹 소다 가루, 청소기
빈도   그때마다
속성   산성

1   양탄자에 베이킹 소다 가루를 빈틈없이 뿌립니다.
      털이 긴 경우에는 손으로 잘 문질러서 하룻밤 그대로 둡니다.
2   청소기로 베이킹 소다 가루를 빨아들입니다.

양탄자에 흘린 주스 얼룩 제거

실수로 주스를 흘렸다면 재빨리 베이킹 소다 가루를 준비하세요. 뿌린 후에 청소기로 빨아들이면 깨끗해집니다.

준비물   베이킹 소다 가루, 걸레, 청소기
빈도   주스를 흘렸을 때
속성   알칼리성

1   마른 걸레로 수분을 흡수합니다.
2   베이킹 소다 가루를 뿌려서 손가락으로 얼룩에 비빕니다.
3   한 시간 정도 두었다가 베이킹 소다 가루가 마르면 청소기로 빨아들입니다.

양탄자에 껌이 붙었을 때

양탄자에 달라붙어 잘 떨어지지 않는 껌은 구연산수를 뿌리면 간단하게 떨어져요.

준비물   구연산수, 걸레
빈도   껌이 달라붙었다면
속성   산성

1   껌의 대부분을 떼어내세요.
2   구연산수를 뿌린 후 약 10분간 그대로 둡니다.
3   남은 껌을 걸레로 문질러 떼어냅니다.

양탄자 수성 오염 제거

소스나 간장 등을 떨어뜨렸다면 바로 닦아내는 것이 중요합니다. 베이킹 소다 가루를 뿌려 수분을 없애면 얼룩이 남지 않아요.

준비물	베이킹 소다 가루, 걸레, 청소기
빈도	얼룩이 생겼을 때
속성	산성

1 마른 걸레로 수분을 닦아내세요.
2 베이킹 소다 가루를 뿌리고 손가락으로 얼룩에 비빕니다.
3 하룻밤 그대로 두었다가 베이킹 소다가 마르면 청소기로 빨아들입니다.

양탄자에 담뱃재가 떨어졌을 때

담뱃재를 양탄자에 떨어뜨렸을 때도 베이킹 소다 가루를 뿌리면 깔끔하게 해결할 수 있어요.

준비물	베이킹 소다 가루, 칫솔, 청소기
빈도	담뱃재를 떨어뜨렸을 때
속성	알칼리성

1 담뱃재가 떨어진 부분에 베이킹 소다 가루를 뿌리고 약 10분 정도 두세요.
2 칫솔로 더러워진 부분을 문질러 제거합니다.
3 가루를 청소기로 빨아들입니다.

러그를 깨끗하게 유지하려면

러그를 깔기 전에 러그 밑에 베이킹 소다 가루를 뿌려두세요. 습기가 생기지 않아 늘 청결하게 유지할 수 있어요. 부분적으로 더러워졌을 때는 베이킹 소다 페이스트를 발라 약 15분 정도 그대로 두세요. 그리고 다 마르면 베이킹 소다를 청소기로 빨아들여보세요. 가벼운 오염은 세탁기를 사용하지 않고도 깨끗해진답니다.

마루바닥 손질

마루를 윤기있게 관리하고 싶다면 베이킹 소다 페이스트 + 구연산수를 써 보세요.

준비물　구연산수, 베이킹 소다 페이스트, 막대걸레, 걸레
빈도　일주일에 한번
속성　알칼리성

1　막대걸레에 구연산수를 묻혀 마루를 닦아주세요.
2　눈에 띄는 오염에는 베이킹 소다 페이스트를 칠합니다.
3　약 10분간 두었다가 때가 불었으면 구연산수를 뿌리고 젖은 걸레로 닦아냅니다.

모포 냄새 제거

이불장에서 꺼낸 모포의 곰팡내도 베이킹 소다 가루를 뿌리면 깨끗이 사라져요.

준비물　베이킹 소다 가루, 청소기
빈도　그때마다
속성　산성

1　모포 전체에 베이킹 소다 가루를 빈틈없이 뿌리세요.
2　그대로 모포를 개서 약 2시간 둡니다.
3　베이킹 소다 가루를 청소기로 빨아들인 후, 바깥 그늘에서 말리세요.

재떨이 냄새 제거

처음부터 재떨이에 베이킹 소다 가루를 깔아두면 베이킹 소다 가루가 담배꽁초의 냄새를 빨아들입니다. 또 방의 공기도 깨끗해집니다.

준비물　베이킹 소다 가루
빈도　그때마다
속성　알칼리성

1　재떨이에 베이킹 소다 가루를 뿌려주세요.
2　담배꽁초가 모이면 베이킹 소다 가루와 함께 버립니다.

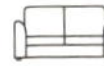

쿠션 냄새 제거

쿠션의 불쾌한 냄새도 베이킹 소다로 없앨 수 있어요. 베이킹 소다수가
잔 먼지까지도 꽉 잡아 없애줍니다.

준비물	베이킹 소다수
빈도	일주일에 한번
속성	산성

1 먼지를 손으로 털어주세요.
2 베이킹 소다수를 뿌린 다음 잘 말려줍니다.

옷장 냄새 제거

공기가 머물러있어 냄새가 나기 쉬운 옷장은 베이킹 소다 가루로 냄새
와 습기를 예방하면 좋아요.

준비물	베이킹 소다 가루, 병(입구가 넓은 것), 통기성있는 천, 끈
빈도	2,3개월에 한번

1 입구가 큰 병에 베이킹 소다 가루를 듬뿍 담아 옷장에 넣어둡니다.

baking soda's tip

베이킹 소다로 만든 방향제

입구가 넓은 병에 베이킹 소다 가루를 넣어서 제취제를 만들어보세요.
베이킹 소다의 강력한 제취 효과로 악취를 착착 빨아들여줍니다.
또 베이킹 소다 가루에 에센셜 오일 3, 4방울을 떨어뜨리면 방 전체가 좋은
향기로 넘친답니다. 온갖 집안 냄새를 개운하게 해결해주지요.

테이블 손질

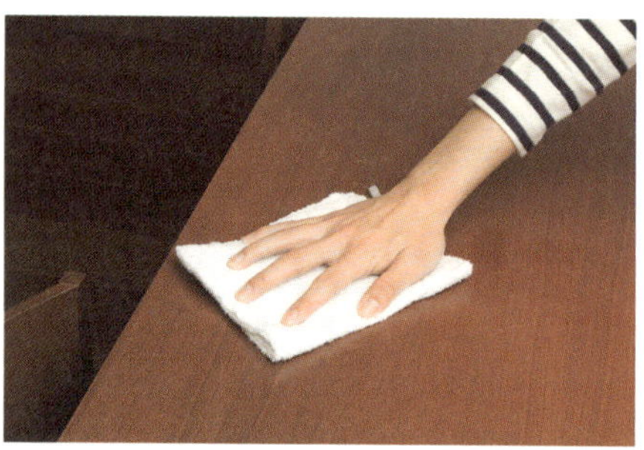

매일 사용하는 테이블은 언제나 깨끗하게 관리하고 싶지요. 구연산수로 닦아서 항균 효과까지 기대해보세요.

준비물　구연산수, 걸레
빈도　그때마다
속성　산성

1　테이블 전체에 구연산수를 뿌려주세요.
2　마른 걸레로 닦아냅니다.

천소파 냄새 제거

냄새가 배기 쉽고, 먼지가 쌓이기 쉬운 천 소파는 정기적인 청소로 냄새와 오염을 관리해보세요.

준비물　베이킹 소다 가루, 청소기
빈도　그때마다
속성　산성

1　소파 전체에 베이킹 소다 가루를 뿌립니다.
2　베이킹 소다 가루를 가볍게 두드려서 소파에 스며들게 한 후, 약 1시간 정도 그대로 둡니다.
3　청소기로 베이킹 소다 가루를 빨아들입니다.

의자 때 제거

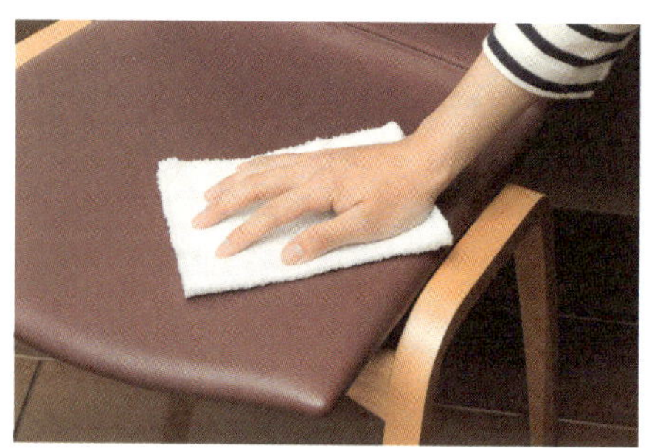

의자의 때는 베이킹 소다수로 반짝반짝하게 지워보세요. 표면이 가공된 부분이나 귀금속 부분은 베이킹 소다 가루를 적신 천으로 닦으세요.

준비물　베이킹 소다수, 걸레
빈도　그때마다
속성　알칼리성

1　마른 걸레에 베이킹 소다수를 뿌려서 더러워진 부분을 닦아내세요.
2　때가 심할 경우에는 베이킹 소다수를 직접 뿌리면 효과적입니다.

유리 테이블 손질

손때나 먼지가 눈에 잘 띄는 유리 테이블은 베이킹 소다수로 닦아주세요. 얼룩은 사라지고 투명하게 보이지요.

준비물	베이킹 소다수, 스펀지, 걸레
빈도	그때마다
속성	산성

1   유리 테이블에 베이킹 소다수를 뿌리세요.
2   스펀지로 더러움을 닦아냅니다.
3   마른 걸레로 물기를 닦아냅니다.

가죽 소파 청소

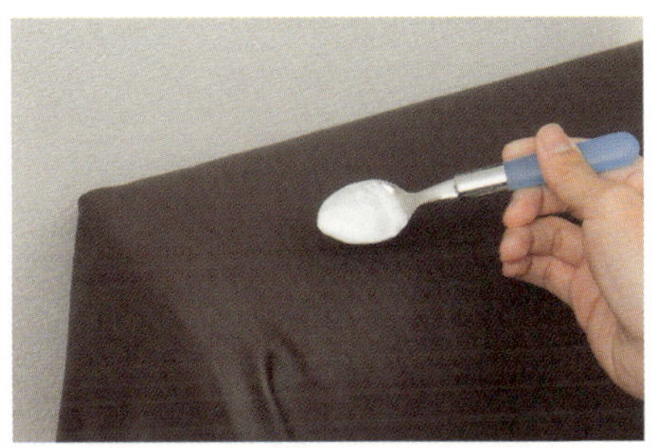

민감한 소재의 가죽 소파는 베이킹 소다 페이스트를 사용해 깔끔하게 관리하세요.

준비물	베이킹 소다 페이스트, 걸레, 가죽용 왁스
빈도	그때마다
속성	산성

1   소파의 더러운 부분에 베이킹 소다 페이스트를 바르고 하룻밤 그대로 둡니다.
2   젖은 걸레로 더러움을 닦아냅니다.
3   마른 걸레로 가죽용 왁스를 칠합니다.

baking soda's tip

왁스가 벗겨질 수 있으니 주의하세요.

나무 바닥이나 책상처럼 표면이 가공되어 있는 것에는 주의해서 사용해야 합니다. 베이킹 소다의 연마작용으로 왁스가 벗겨지거나 흠집이 날 수 있거든요. 눈에 띄지 않는 부분에 테스트해 본 후 사용하세요.

유리창 청소

유리창의 더러움은 의외로 눈에 잘 띈답니다. 정기적으로 구연산수로 관리해주세요. 방이 더욱 밝아져요.

준비물	구연산수, 걸레
빈도	그때마다
속성	알칼리성

1 마른 걸레로 닦아서 먼지를 없앱니다.
2 전체적으로 구연산수를 뿌려줍니다.
3 마른 걸레로 물기를 닦아냅니다.

블라인드 청소

청소가 힘든 블라인드를 닦을 때엔 먼지떨이와 목장갑을 사용해보세요. 간단하게 청소할 수 있습니다.

준비물	구연산수, 베이킹 소다 가루, 비누, 먼지떨이, 목장갑, 걸레
빈도	그때마다
속성	알칼리성

1 먼지떨이로 먼지를 털어내세요.
2 거품을 낸 비누와 베이킹 소다 가루를 목장갑에 묻힌 다음, 블라인드 사이사이로 손가락을 넣어가며 닦아줍니다.
3 구연산수를 뿌리고 마른 걸레로 닦습니다.

방충망 청소

방충망에는 생각했던 것보다 먼지가 많이 쌓입니다. 베이킹 소다 가루로 청소하면 집 안으로 들어오는 공기도 산뜻해져요.

준비물	베이킹 소다 가루, 스펀지, 걸레
빈도	2주에 한번
속성	산성

1 적신 스펀지에 베이킹 소다 가루를 뿌려주세요.
2 ①로 방충망의 먼지를 닦습니다.
3 마른 걸레로 닦아냅니다.

새시 청소

보통은 눈에 잘 안 띄어서 청소를 게을리 하게 되는 새시. 가끔은 쌓인 먼지를 닦아 관리하세요.

준비물   구연산수, 베이킹 소다 페이스트, 걸레, 칫솔
빈도   한 달에 한번
속성   산성

1   마른 걸레로 진흙이나 먼지를 닦아내세요.
2   구연산수에 적신 걸레로 더러움을 닦아냅니다.

방충망 찌든 때 청소

방충망에 달라붙은 찌든 때는 비누+구연산수로 깨끗이 닦아낼 수 있어요.

준비물   비누, 구연산수, 브러시, 걸레
빈도   한 달에 한번
속성   산성

1   물을 묻혀 거품을 낸 비누를 브러시에 묻혀 방충망을 문지릅니다.
2   구연산수를 전체적으로 뿌려줍니다.
3   마른 걸레로 물기를 닦아냅니다.

안 신는 양말을 재활용해보세요

먼지를 제거할 때는 일반적으로 먼지떨이를 사용하지만 안 신는 양말로 대신할 수 있어요. 양말을 손에 끼고 위에서부터 아래로 먼지를 제거하면 된답니다. 아이들과 함께 오래된 양말 장갑을 활용해보세요. 아이들이 무척 재미있어 할 거에요.

조명기구 손질

조명기구에는 어느새 끈적한 기름때가 찌들어 있지요. 베이킹 소다 가루로 기름때를 깨끗이 닦아내면 조명이 한결 밝아질 거예요.

준비물　구연산수, 베이킹 소다 가루, 걸레
빈도　　때마다
속성　　산성

1　마른 걸레로 먼지를 닦아내세요.
2　구연산수를 뿌린 걸레로 닦습니다. (끈적한 기름때는 베이킹 소다 가루를 뿌린 걸레로 닦아주세요.)
3　마른 걸레로 물기를 닦아냅니다.

커튼 찌든 때 청소

냄새뿐만 아니라 오염이 심할 경우에는 베이킹 소다 페이스트가 효과적이에요. 물세탁으로 마무리하면 기분까지 개운해져요.

준비물　베이킹 소다 페이스트, 천, 브러시
빈도　　그때마다
속성　　산성

1　심하게 더러운 부위에 베이킹 소다 페이스트를 바릅니다.
2　약 10분 정도 두었다가 베이킹 소다 페이스트가 마르면 브러시로 문질러서 제거합니다.
3　그대로 세탁기에 넣어 세탁하면 됩니다.

벽 청소

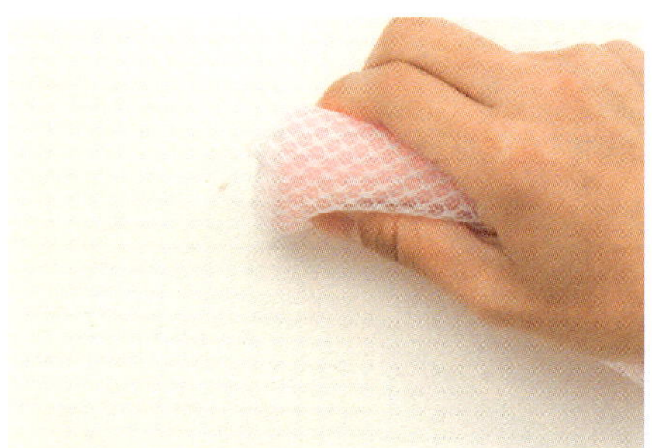

먼지나 냄새뿐 아니라 눈치 채지 못한 사이에 벽은 더러워져 있어요. 그럴 땐 베이킹 소다수+구연산수로 깨끗이 청소해보세요.

준비물　구연산수, 베이킹 소다수, 스펀지, 걸레
빈도　　그때마다
속성　　중성

1　베이킹 소다수를 뿌린 스펀지로 더러워진 부분을 문질러주세요.
2　구연산수를 뿌린 걸레로 두드리듯 더러움을 제거합니다.
3　마른 걸레로 물기를 닦아냅니다.

커튼 손질

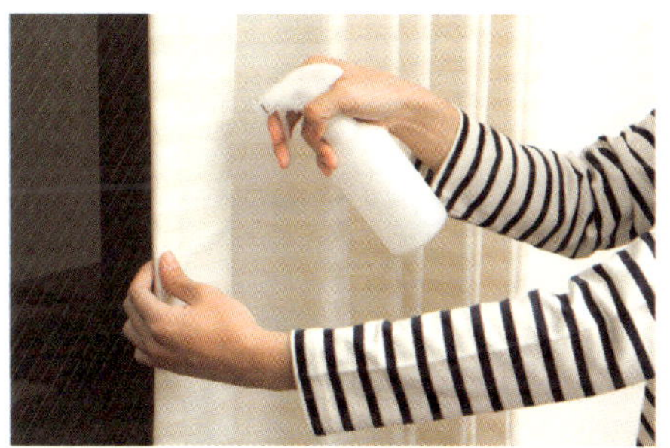

담배 냄새 등 집안의 냄새가 배기 쉬운 커튼은 평소에 잘 손질해두세요.
온 집안에 감도는 깨끗한 공기를 느낄 수 있을 거예요.

준비물	베이킹 소다수, 먼지떨이
빈도	일주일에 한번
속성	알칼리성

1 먼지떨이로 먼지를 떨어냅니다.
2 베이킹 소다수를 전체적으로 뿌려주세요.
3 커튼을 쫙 펼쳐서 말립니다.

천장 청소

습기나 냄새가 달라붙기 쉬운 천장은 정기적인 청소가 필요합니다. 손이
안 닿는 곳은 막대 걸레를 사용해보세요.

준비물	베이킹 소다수, 먼지떨이, 막대걸레
빈도	그때마다
속성	알칼리성

1 먼지떨이로 먼지를 떨어냅니다.
2 베이킹 소다수를 스프레이한 막대걸레로 더러워진 부분을
잘 닦습니다. 부드럽게 오염을 제거해주세요,

스위치 청소

스위치의 손때는 그대로 두면 닦아내기 힘들어집니다. 검은 때가 되기
전에 구연산수로 닦아주세요.

준비물	구연산수, 걸레, 스펀지
빈도	그때마다
속성	산성

1 마른 걸레로 먼지를 닦아주세요.
2 구연산수를 스프레이한 스펀지로 더러운 부분을 문지릅니다.
3 마른 걸레로 물기를 닦아냅니다.

에어컨 청소

에어컨에서 이상한 냄새가 나거나 먼지가 쌓이기 전에 빈틈없이 청소해서 상쾌한 바람을 만들어보세요.

준비물	구연산수, 걸레
빈도	일주일에 한번
속성	중성

1 마른 걸레로 먼지를 제거하세요.
2 구연산수를 뿌린 후, 마른 걸레로 닦아줍니다.
3 심하게 더러워졌을 때는 부품을 떼어내어 물로 씻어냅니다.

휴대용 게임기 청소

휴대용 게임기에는 작은 버튼이 있어서 먼지가 쌓이기 쉽고 손때도 잘 묻지요. 면봉을 사용해서 깔끔하게 관리하세요.

준비물	베이킹 소다수, 면봉, 걸레
빈도	그때마다
속성	산성

1 베이킹 소다수를 뿌린 면봉으로 지저분한 부분을 닦아냅니다.
2 마른 걸레로 물기를 닦습니다.
3 수분이 너무 많으면 고장으로 이어질 수 있으니 확실하게 물기를 닦아내세요.

마우스 청소

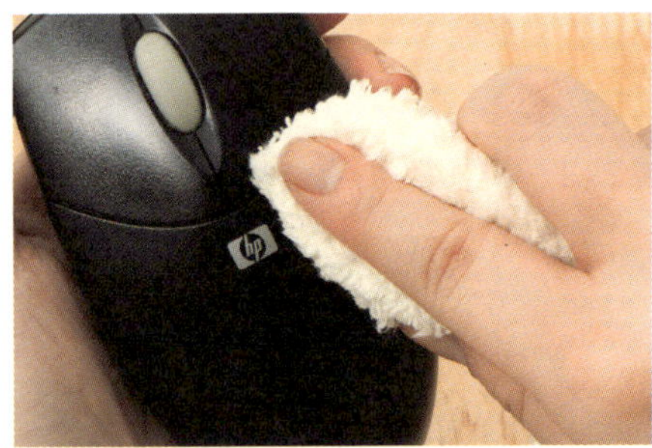

마우스에는 손때가 잔뜩 묻기 쉬워요. 베이킹 소다수로 더러움을 제거하여 반짝반짝하게 만들어보세요.

준비물	베이킹 소다수, 걸레
빈도	그때마다
속성	산성

1 베이킹 소다수를 뿌린 걸레로 더러움을 닦아주세요.
2 마른 걸레로 물기를 닦습니다.
3 마우스 볼이 달려있는 타입의 마우스는 볼을 꺼내서 닦아줍니다.

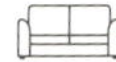

청소기 냄새 제거

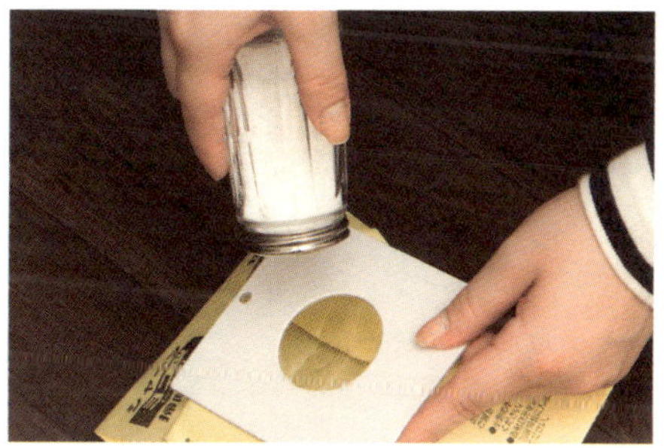

먼지와 쓰레기를 빨아들이는 청소기에서는 안 좋은 냄새가 나기 마련입니다. 베이킹 소다 가루로 냄새를 근원부터 제거해 보세요.

준비물	베이킹 소다 가루
빈도	그때마다
속성	산성

1 청소기의 먼지 주머니 속에 베이킹 소다 가루를 넣습니다.
2 베이킹 소다 가루가 떨어지지 않도록 조심하면서 청소기에 부착합니다.

키보드 청소

키보드에는 손때와 먼지 등 더러움이 잔뜩 묻어있습니다. 찌든 때가 되기 전에 바로 닦아주세요.

준비물	베이킹 소다수, 걸레
빈도	일주일에 한번
속성	산성

1 베이킹 소다수를 뿌린 걸레로 더러움을 닦습니다.
2 마른 걸레로 물기를 닦아냅니다.

화면에 베이킹 소다 페이스트는 NG!!

텔레비전이나 컴퓨터 모니터, 시계의 유리면 등 정전기로 인해 붙은 더러움도 베이킹 소다로 해결할 수 있어요. 약한 베이킹 소다수를 뿌린 천으로 닦으면 반짝반짝해지거든요. 하지만 베이킹 소다 페이스트를 바르는 것은 피하세요. 베이킹 소다의 연마 작용으로 화면에 흠집이 날 수도 있어요.

다리미 눌은 자국 제거

다리미에는 풀 등 더러움이 달라붙어 있기 쉬워요. 쓰고 나서 바로바로 닦으면 깨끗하게 관리할 수 있어요.

준비물	베이킹 소다 페이스트, 걸레
빈도	그때마다
속성	산성

1　마른 걸레로 먼지를 닦아주세요.
2　베이킹 소다 페이스트를 신경쓰이는 곳에 바르고 약 10분간 그대로 둡니다.
3　젖은 걸레로 닦아냅니다.

스펀지, 수세미 세척

쓰고 난 스펀지나 수세미는 베이킹 소다수에 담가서 사이사이 끼어있는 오염물을　제거하세요.

준비물	베이킹 소다수, 세숫대야
빈도	매일
속성	산성

1　세숫대야에 베이킹 소다수를 넣어주세요.
2　스펀지나 수세미를 베이킹 소다수에 하룻밤 담가둡니다.
3　물로 잘 헹구어 말립니다.

쓰레기통 냄새 제거

쓰레기통의 악취에는 베이킹 소다 가루를 자주 뿌리세요. 냄새의 근원이 되는 미생물의 번식도 막을 수 있어 위생적입니다.

준비물	베이킹 소다 가루
빈도	그때마다
속성	중성

1　쓰레기통을 열고 베이킹 소다 가루를 2~3번 뿌려줍니다
※ 베이킹 소다 가루를 너무 많이 뿌리지 마세요. 베이킹 소다 가루를 많이 뿌려도 효과는 같습니다.

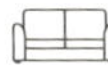

걸레 냄새 제거

걸레가 더럽다면 모처럼의 청소가 아무 소용이 없어요. 베이킹 소다수에
담가서 청결한 걸레로 관리하세요.

준비물   베이킹 소다 가루, 세숫대야
빈도   매일
속성   산성

1   청소 후, 걸레를 물로 뺍니다.
2   물을 담은 세숫대야에 베이킹 소다 가루를 뿌리고 걸레를 넣고
      약 10분 그대로 둡니다.
3   물로 잘 헹군 후 말립니다.

고무장갑이 잘 안들어갈 때

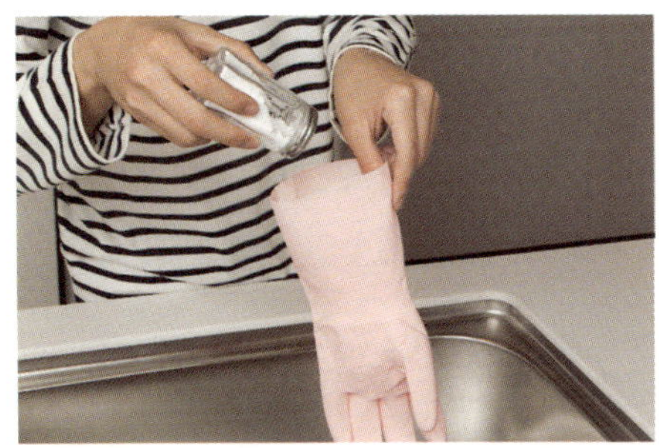

고무장갑은 사용하다보면 안쪽이 뻑뻑해집니다. 그럴 땐 베이킹 소다 가
루를 뿌려주세요. 뻑뻑함이 개선되어 편하게 낄 수 있어요.

준비물   베이킹 소다 가루
빈도   그때 마다
속성   산성

1   고무장갑 안에 베이킹 소다 가루를 뿌립니다.
2   고무장갑 입구를 막고 위아래로 흔들어 줍니다.
3   안에 남아 있는 베이킹 소다 가루를 털어냅니다.

baking soda's tip

베이킹 소다수로 장지문도 깨끗하게!

청소가 어려운 장지문도 베이킹 소다로 깨끗하게 관리할 수 있어요. 베이킹
소다수를 뿌린 걸레로 먼지가 쌓이기 쉬운 나무틀을 중심으로 부드럽게
닦아줍니다. 청소의 포인트는 걸레를 잘 짜서 물기를 없애는 것입니다.
물기가 많은 천으로 닦으면 장지가 찢어질 수 있습니다.

아이방

턱받이 얼룩 제거

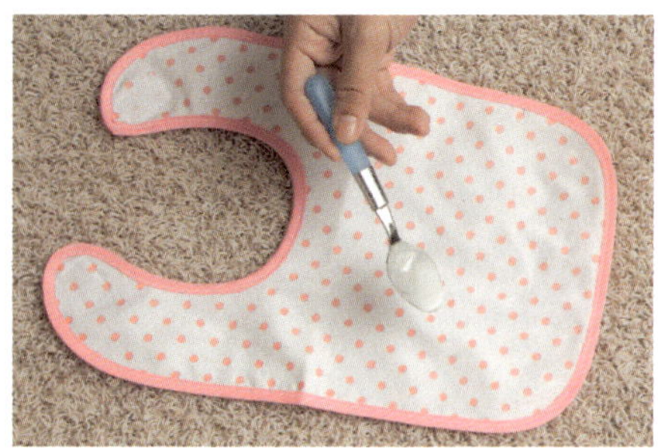

떨어진 음식이나 침이 잔뜩 붙어있는 턱받이는 얼룩으로 굳어지기 전에 베이킹 소다 페이스트로 빨리 처리하세요.

준비물　베이킹 소다 페이스트, 행주
빈도　그때마다
속성　알칼리성

1　마른 행주로 대충의 오염을 떼어냅니다.
2　베이킹 소다 페이스트를 오염 부위에 발라주세요.
3　그대로 세탁기로 돌리세요.

기저귀 냄새 제거

신경이 쓰이는 기저귀 냄새. 버리기 전에 베이킹 소다 가루를 뿌리면 냄새 걱정이 사라집니다.

준비물　베이킹 소다 가루, 세숫대야
빈도　매일
속성　알칼리성

1　세숫대야에 버릴 기저귀를 넣습니다.
2　기저귀의 오줌이 배인 부분에 베이킹 소다 가루를 뿌려 그대로 버립니다.

아기 신발 세척

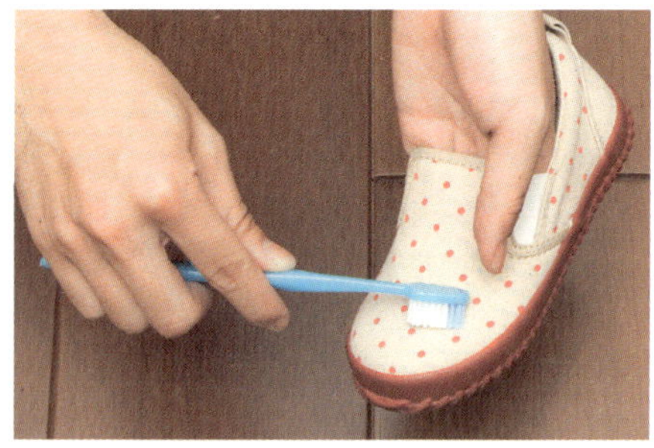

걷기 시작한 아이의 신발은 금세 더러워지기 마련입니다. 칫솔을 이용해서 깨끗하게 관리하세요.

준비물　베이킹 소다 가루, 칫솔
빈도　그때마다
속성　산성

1　아기 신발에 베이킹 소다를 뿌립니다.
2　칫솔로 닦아냅니다.
3　남은 베이킹 소다 가루를 털어냅니다.

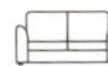

젖병 씻기

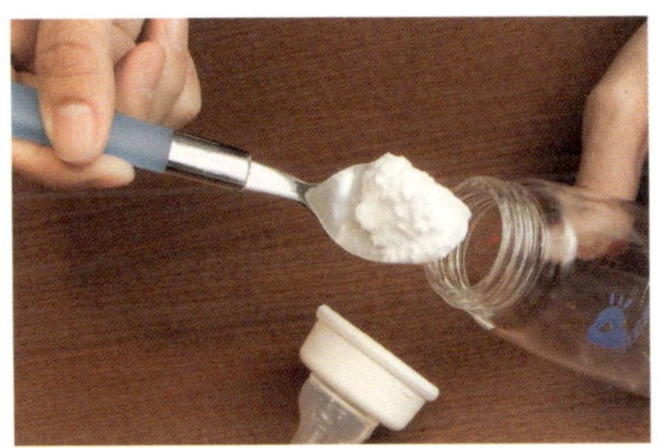

아기가 항상 입에 넣는 젖병은 늘 깨끗하게 보관하고 싶으시죠? 우유의 지방분까지 베이킹 소다수로 깔끔하게 제거할 수 있어요.

준비물	베이킹 소다 가루
빈도	매일
속성	알칼리성

1 젖병에 베이킹 소다 가루를 넣고 뜨거운 물을 붓습니다.
2 뚜껑을 닫아 베이킹 소다 가루가 녹을 때까지 위아래로 흔들어 주고 약 1시간 그대로 둡니다.
3 물로 헹구고 그대로 건조시킵니다.

아기 옷 얼룩 제거

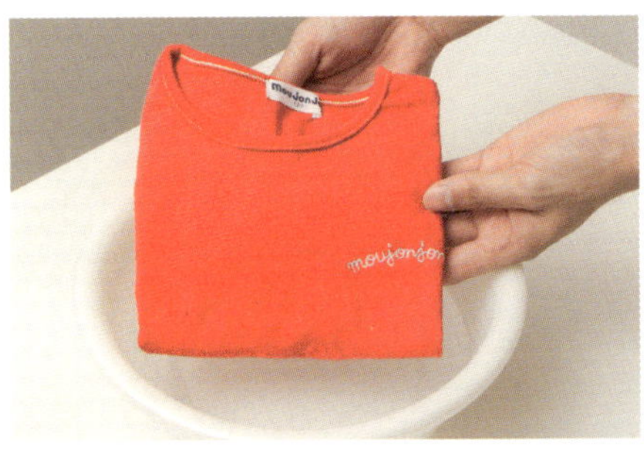

얼룩이 묻기 쉬운 아기 옷, 베이킹 소다수로 간단하게 얼룩을 제거할 수 있습니다.

준비물	베이킹 소다수, 세숫대야
빈도	그때마다
속성	산성

1 세숫대야 안에 베이킹 소다수를 넣고 아기 옷을 약 2시간 담가 놓으세요.
2 물로 잘 헹구어 말립니다.

봉제인형 먼지 제거

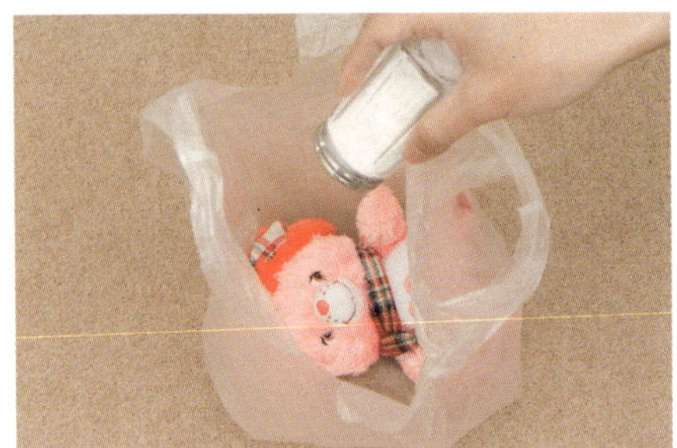

통째로 빨기 어려운 봉제인형은 베이킹 소다 가루로 더러움을 흡착시키세요. 냄새도 없애주니까 깔끔해져요.

준비물	베이킹 소다 가루, 비닐봉지, 브러시
빈도	그때마다
속성	산성

1 봉제인형을 비닐봉지에 넣고 베이킹 소다 가루를 듬뿍 뿌려줍니다.
2 봉지를 묶고 위아래로 흔든 후, 약 30분 그대로 둡니다.
3 베이킹 소다 가루를 브러시로 정성껏 털어줍니다.

플라스틱 장난감 손질

아기가 입에 넣곤 하는 장난감은 베이킹 소다 가루로 닦아두면 안심할
수 있어요.

준비물   베이킹 소다 가루, 스펀지, 천
빈도   그때마다
속성   알칼리성

1   마른 천으로 장난감의 먼지를 제거합니다.
2   베이킹 소다 가루를 뿌리고 스펀지로 더러움을 문지릅니다.
3   젖은 천으로 닦아냅니다.

마루의 크레파스 낙서 지우기

물걸레로는 지우기 힘든 크레파스 낙서도 베이킹 소다 가루를 사용하면
거짓말처럼 지워집니다.

준비물   구연산수, 베이킹 소다 가루, 스펀지, 걸레
빈도   그때마다
속성   알칼리성

1   더러워진 부분에 베이킹 소다 가루를 뿌려주세요.
2   적신 스펀지로 더러움을 문질러서 제거합니다.
3   구연산수를 뿌린 후, 마른 걸레로 물기를 닦아냅니다.

책상 스티커 제거

가구나 책상에 붙은 스티커는 베이킹 소다 페이스트로 문질러 깨끗이
떼어내세요.

준비물   베이킹 소다 페이스트, 걸레
빈도   그때마다
속성   산성

1   베이킹 소다 페이스트를 스티커에 바르고 원을 그리듯
    문지릅니다.
2   약 1시간 후, 젖은 걸레로 닦아냅니다.

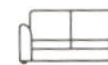

나무 장난감 손질

집짓기 장난감 등 나무로 만든 장난감에는 손때가 잔뜩 묻어있지요. 더러워졌다면 구연산수로 닦아주세요.

준비물	구연산수, 스펀지
빈도	그때마다
속성	알칼리성

1 때가 탄 곳에 구연산수를 뿌립니다.
2 스펀지로 문지릅니다.
3 찌든 때는 베이킹 소다 페이스트를 뿌려서 닦아주세요.

문과 벽의 낙서 제거

크레파스나 매직으로 한 낙서도 베이킹 소다 가루를 사용하면 눈 깜짝할 사이에 지워집니다. 흠집이 나지 않도록 부드럽게 문지르면 됩니다.

준비물	베이킹 소다 가루, 걸레
빈도	그때 마다
속성	산성

1 적신 걸레에 베이킹 소다 가루를 묻힙니다.
2 오염 부분을 문지릅니다.
3 적신 후, 꽉 짠 걸레로 닦아냅니다.

baking soda's tip

고장난 장난감에 베이킹 소다

건전지를 넣어 사용하는 장난감인데 건전지를 바꿔도 움직이지
않는다면 면봉에 베이킹 소다 페이스트를 묻혀서 건전지를 넣는 부분을
문질러보세요. 페이스트가 마르면 칫솔로 베이킹 소다를 제거합니다.
접촉이 좋아져서 다시 작동할 수도 있어요. (※꼭 고쳐지는 건 아니에요)

DOOR + VERANDA

현관
/
베란다

현관의 흙 먼지와 신발 냄새도 베이킹 소다로 한 번에 청소!
현관은 매일 출입하는 곳이므로 늘 깨끗하게 해두고 싶은 곳이지요. 베이킹 소다를
잘 사용하면 신발장과 신발 냄새 고민도 바로 해결됩니다.

현관 바닥을 깨끗하게!

현관 바닥의 찌든 때는 베이킹 소다 가루로 청소하세요. 물을 뿌리는 수고를 줄일 수 있습니다.
부분 때를 제거하는 필살기! 청소 시간 단축!

준비물　베이킹 소다 가루, 스펀지, 칫솔, 물, 걸레, 종이타올
빈도　　그때마다
속성　　알칼리성

1　더러워진 곳 전체에 베이킹 소다를 뿌립니다.

2　젖은 스펀지로 문지릅니다.

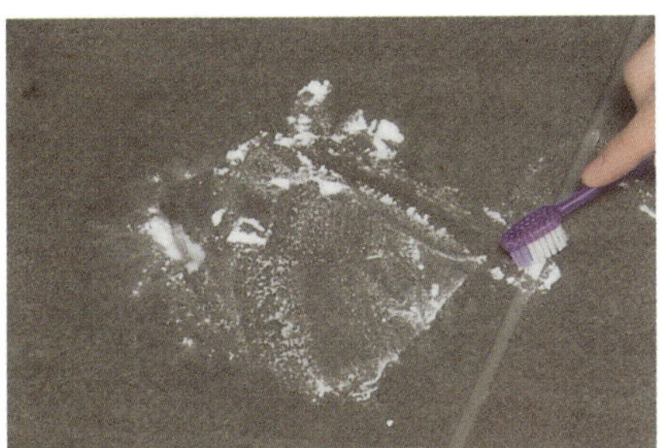

3　타일의 이음새 부분은 칫솔로 정성껏 문지릅니다.

4　물을 듬뿍 뿌려줍니다.

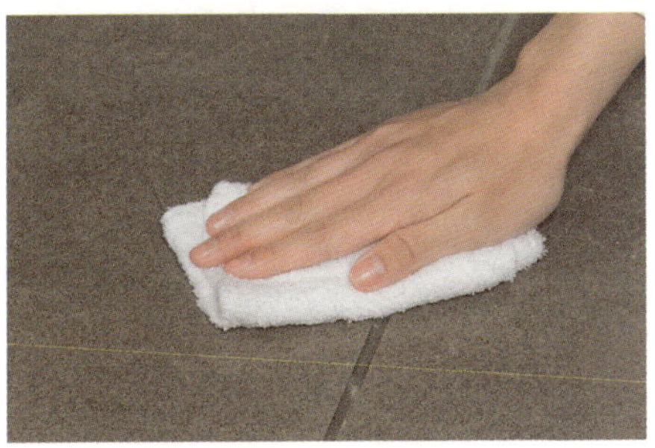

5　마른 천으로 베이킹 소다 가루를 닦습니다.

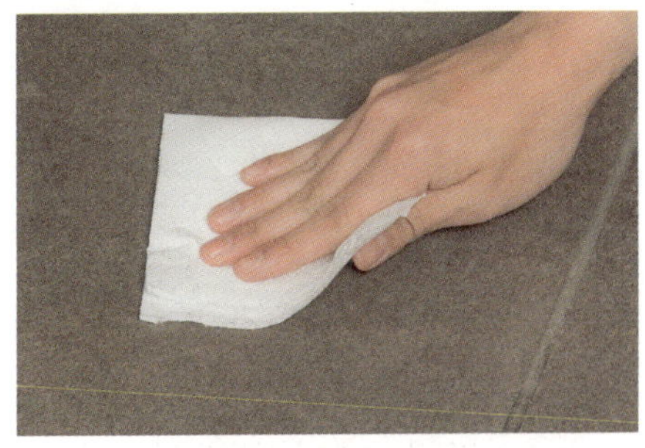

6　종이 타올로 수분을 닦아내고 건조시킵니다.

현관 · 베란다

현관문 청소

현관문은 언제나 반짝반짝하게 유지하고 싶은 곳이지요. 손때가 묻기 쉬운 곳이므로 매일매일 베이킹 소다수로 닦아주세요.

준비물	베이킹 소다수, 걸레
빈도	매일
속성	산성

1 베이킹 소다수를 뿌린 걸레로 더러운 부분을 문지릅니다.
2 손때가 심한 손잡이는 집중적으로 닦아냅니다.
3 더러움이 심한 부분은 베이킹 소다수를 직접 뿌려주세요.

문패 청소

문패는 그 집의 얼굴이므로 항상 깨끗하게 닦아두세요. 올록볼록한 부분은 면봉을 사용해서 닦으면 좋아요.

준비물	베이킹 소다수, 걸레, 면봉
빈도	그때마다
속성	산성

1 울퉁불퉁한 부분에 쌓인 먼지를 면봉으로 닦습니다.
2 더러운 부분에 베이킹 소다수를 뿌립니다.
3 마른 걸레로 물기를 닦아내면서 청소합니다.

현관 바깥 매트 청소

현관 밖 매트에는 심한 흙먼지가 잔뜩 붙어있습니다. 베이킹 소다 가루를 뿌려서 더러움을 깔끔하게 제거하세요.

준비물	베이킹 소다 가루, 수세미
빈도	그때마다
속성	산성

1 매트 전체에 베이킹 소다 가루를 뿌립니다.
2 매트에 비벼서 약 30분간 그대로 둡니다.
3 수세미로 더러움을 문질러 없애고 물로 씻어냅니다.

우편함 청소

바깥에 있어 먼지가 제법 쌓이는 우편함. 우편물이나 전단지 등을 꺼낼 때 청소하면 깨끗하게 관리할 수 있어요.

준비물	구연산수, 베이킹 소다수, 걸레
빈도	매일
속성	중성

1 베이킹 소다수를 뿌린 천으로 더러운 부분을 문지릅니다.
2 그 위에 구연산수를 뿌리고 천으로 닦아냅니다.
3 더러움이 심할 경우에는 베이킹 소다수를 직접 뿌리세요.

현관 안 매트 청소

눈에 띄기 쉬운 현관 매트의 오염은 베이킹 소다 가루로 손질하세요.

준비물	베이킹 소다 가루, 청소기
빈도	그때마다
속성	산성

1 매트 전체에 베이킹 소다 가루를 뿌립니다.
2 잘 비벼서 약 30분 그대로 둡니다.
3 청소기로 베이킹 소다 가루를 빨아들입니다.

baking soda's tip

드라이 플라워를 넣은 방향제를 만들어보세요.

p61에서 소개한 직접 만드는 방향제에 드라이 플라워를 넣어보세요. 귀여운 인테리어 아이템으로 변신합니다. 병에 씌우는 천이나 리본을 자신의 취향에 맞게 고르면 선물로도 손색이 없어요.

슬리퍼 관리

언제나 깔끔하게 관리하고 싶은 손님용 슬리퍼. 사용 후에는 바로 베이킹 소다수를 스프레이하는 습관을 들이세요.

준비물	베이킹 소다수, 브러시
빈도	그때마다
속성	산성

1 브러시로 먼지를 제거합니다.
2 베이킹 소다수를 슬리퍼에 고르게 뿌립니다.
3 베이킹 소다수를 뿌린 후에는 말려서 보관하세요.

신발장 관리

신발이나 곰팡이 등 여러 가지 냄새로 가득한 신발장. 베이킹 소다 가루를 넣어두세요. 냄새가 싹 사라집니다.

준비물	베이킹 소다 가루, 병(입구가 넓은 것), 천, 끈
빈도	2~3개월에 한번
속성	산성

1 입구가 넓은 병에 베이킹 소다 가루를 넣습니다.
2 통기성이 좋은 천으로 덮어서 끈으로 묶습니다.
3 베이킹 소다 가루에 좋아하는 에센셜 오일을 떨어뜨리면 더욱 좋아요.

가죽 구두 손질

가죽 구두에 묻은 더러움은 구두약을 바르기 전에 베이킹 소다 가루로 부드럽게 문질러주세요. 베이킹 소다의 연마 작용으로 반짝반짝해져요.

준비물	베이킹 소다 가루, 걸레
빈도	그때마다
속성	산성

1 가죽 구두에 베이킹 소다 가루를 뿌립니다.
2 적신 걸레로 부드럽게 더러움을 닦아냅니다.
3 마른 걸레로 물기를 확실히 닦습니다.

신발장 청소

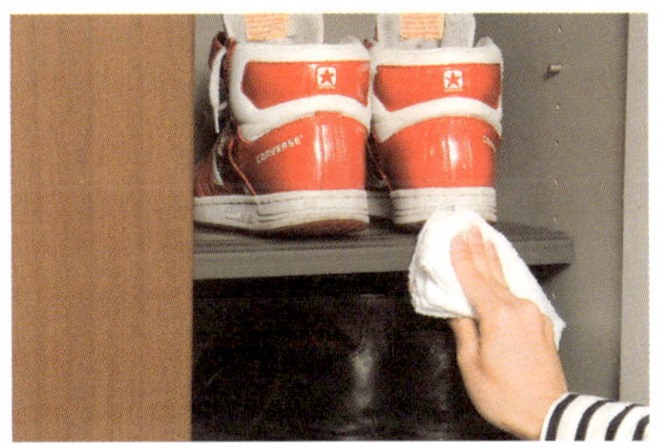

신발장에는 그냥 닦기만 해서는 떨어지지 않는 진흙이나 먼지가 묻어 있습니다. 베이킹 소다 가루로 오염과 냄새를 한번에 없애보세요.

준비물	베이킹 소다 가루, 칫솔, 걸레
빈도	한 달에 한번
속성	산성

1 더러워진 부분에 베이킹 소다 가루를 뿌립니다.
2 적신 칫솔로 더러움을 문질러 제거합니다.
3 마른 걸레로 베이킹 소다 가루와 물기를 닦아냅니다.

구두 주걱 손질

구두 주걱의 오염을 그냥 두면 잡균까지 번식합니다. 신발장 청소를 하면서 구두 주걱에 베이킹 소다수를 스프레이 해 두세요.

준비물	베이킹 소다수, 걸레
빈도	그때마다
속성	산성

1 베이킹 소다수를 뿌린 걸레로 더러움을 닦아주세요.
2 마른 걸레로 물기를 닦습니다.

baking soda's tip

미끄러짐 방지에도 베이킹 소다

얼음이 얼어서 발밑이 미끄러울 때에는 베이킹 소다가 위험을 덜어줍니다. 얼어서 위험한 장소에 베이킹 소다 가루를 뿌리는 것만으로 얼음이 녹아 미끄러지는 것을 방지할 수 있어요. 베이킹 소다 가루는 소재에 흠집을 내지 않으니 구두 밑에 뿌리는 것도 괜찮은 방법이에요.

운동화 세탁

땀이나 얼룩 등 잘 지워지지 않는 운동화, 베이킹 소다 페이스트로 세탁해보세요. 냄새까지 싹 빠진답니다.

준비물	베이킹 소다 페이스트, 칫솔, 걸레
빈도	그때마다
속성	산성

1 더러워진 부분에 베이킹 소다 페이스트를 바릅니다.
2 칫솔로 더러운 부분을 문지릅니다.
3 마른 걸레로 베이킹 소다 페이스트를 닦아냅니다.

베란다 바닥 청소

베란다 바닥의 먼지나 진흙은 바닥에 달라붙기 전에 닦아주세요. 날씨가 좋을 때 도전해보세요.

준비물	베이킹 소다 가루, 스펀지(단단한 것)
빈도	한달에 한번
속성	산성

1 베란다 바닥 전체에 베이킹 소다 가루를 뿌립니다.
2 위에서 물을 뿌리며 스펀지로 더러움을 문질러 없앱니다.
3 물로 씻어내고 말립니다.

운동화 끈이 안 풀릴 때

오랫동안 묶여져있던 운동화 끈은 꽉 매어져 있어 풀기 어렵습니다. 그럴 땐 베이킹 소다 가루를 써 보세요. 안 풀리던 끈이 스르륵 풀려요.

준비물	베이킹 소다 가루
빈도	그때마다
속성	산성

1 베이킹 소다 가루를 한줌 묻힙니다.
2 매듭의 딱딱한 부분을 문지릅니다.
3 매듭이 풀리면 베이킹 소다 가루를 털어내세요.

에어컨 실외기 청소

바깥에 방치된 에어컨 실외기는 자주 청소하지 않으면 검은 때가 지워지지 않아요. 부드러운 소재의 스펀지로 닦아주세요.

준비물	베이킹 소다 가루, 스펀지, 걸레
빈도	그때마다
속성	산성

1 적신 스펀지에 베이킹 소다 가루를 뿌립니다.
2 실외기의 더러워진 부분을 부드럽게 문지릅니다.
3 마른 걸레로 베이킹 소다 가루를 닦아내세요.

baking soda's tip

구두 냄새 제거

여러 켤레의 구두가 있을 때, 현관을 열면 악취가 확 하고 밀려올 때가 있습니다. 특히 겨울철에 부츠 등을 젖은 상태로 그대로 두면 냄새가 점점 더 심해지거든요. 미리미리 베이킹 소다로 냄새를 확실히 없애보세요.

준비물	베이킹 소다 가루, 천, 끈 또는 리본

1 천에 베이킹 소다 가루 2큰술을 넣어 끈이나 리본으로 묶습니다.
2 구두 안에 하룻밤 정도 넣어두세요.

WASH

세
탁

/

옷에 묻은 얼룩, 베이킹 소다 가루 + 비누면 ok!
집안 청소뿐만 아니라 옷 세탁에도 베이킹 소다는 참 유용합니다.
찌든 때를 지울 때는 비누를 더하세요. 훨씬 효과적입니다.

평소에 하는 의류 세탁

베이킹 소다 가루가 비누의 작용을 도와줍니다. 베이킹 소다 가루가 비누 앙금과
뻣뻣함을 제거해주어 입으면 기분 좋아지는 옷으로 마무리해줍니다.

준비물 베이킹 소다 가루, 구연산 가루, 비누
빈도 그때마다
속성 산성

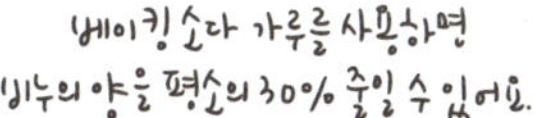

1 세탁기에 물 50ℓ를 채우고 더러워진 옷을 넣습니다.

2 베이킹 소다 가루 100g을 넣습니다.

3 액체 비누 50㎖를 넣습니다.

4 베이킹 소다 가루가 녹았는지 확인하고 동작 버튼
을 누릅니다.

5 헹굴 때 구연산 가루 5g을 넣어 세탁합니다.

물 25ℓ에 대하여 베이킹 소다 가루
50g~100g을 넣고 유연제를 넣는 곳에 식초
25㎖~50㎖를 넣어 세탁합니다.
베이킹 소다 가루가 녹으면 일단 멈추고 액체
비누 50㎖를 넣어 다시 세탁합니다. 세탁물은
4kg까지 넣으세요.

의류 세탁

와이셔츠 가벼운 때 제거

와이셔츠의 목덜미나 소매는 피지로 금세 더러워지기 때문에 베이킹 소다 가루를 이용해서 매일 손질하는 것이 좋아요.

준비물　구연산수, 베이킹 소다 가루, 세탁망
빈도　　더러워지면
속성　　산성

1　얼룩이나 때에 베이킹 소다 가루를 뿌립니다.
2　구연산수를 뿌려줍니다.
3　세탁망에 넣어서 세탁기로 돌립니다.

와이셔츠 찌든 때 제거

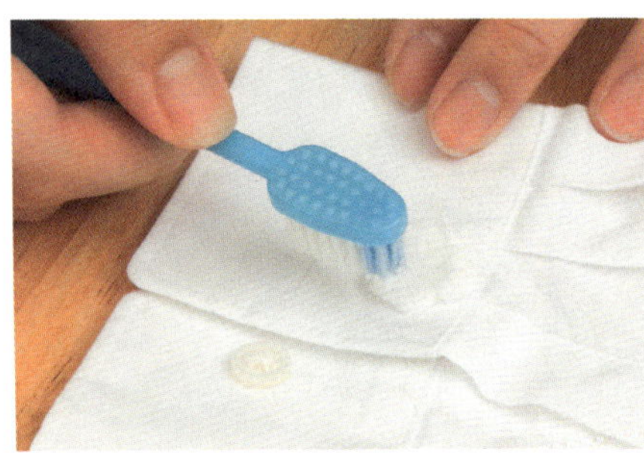

베이킹 소다 가루와 비누로도 떨어지지 않는 찌든 때는 베이킹 소다 가루와 글리세린을 섞은 '베이킹 소다 크림'으로 도전해보세요.

준비물　베이킹 소다 가루, 글리세린, 칫솔, 세탁망
빈도　　찌든 때가 생기면
속성　　산성

1　같은 양의 베이킹 소다 가루와 글리세린을 잘 섞어주세요.
2　①을 때가 묻은 곳에 바르고 칫솔로 개어주세요.
3　세탁망에 넣어서 세탁기로 빱니다.

스웨이드 때 제거

손질이 까다로운 스웨이드도 베이킹 소다 페이스트로 간단하게 관리할 수 있어요.

준비물　베이킹 소다 페이스트, 칫솔
빈도　　더러워지면
속성　　산성

1　베이킹 소다 페이스트를 때 탄 곳에 바르고 1~2시간 둡니다.
2　베이킹 소다 페이스트가 마르면 칫솔로 베이킹 소다를 털어냅니다.

와이셔츠 심한 때 제거

심하게 더러운 와이셔츠는 베이킹 소다 가루에 비누를 섞어 때를 빼는 것이 효과적이에요. 세정력이 높아져서 더러움이 잘 빠지거든요.

준비물　비누, 베이킹 소다 가루, 세탁망
빈도　더러워지면
속성　산성

1　같은 양의 베이킹 소다 가루와 액체비누를 잘 섞어주세요.
2　더러워진 곳에 바르고 잠시 그대로 둡니다.
3　세탁망에 넣어서 세탁기로 세탁합니다.

가죽 오염 제거

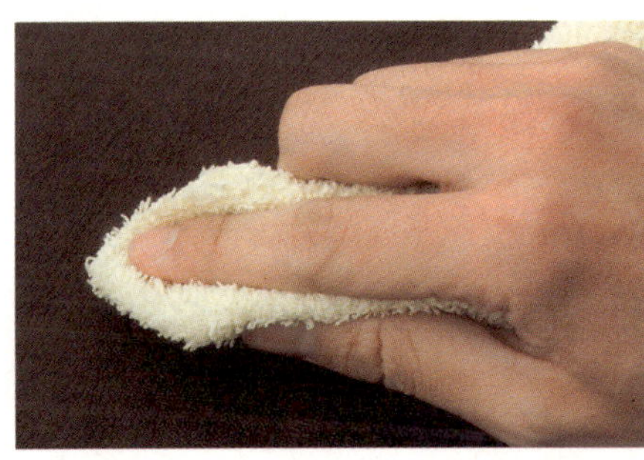

세탁할 수 없는 가죽의 오염은 꼭 짠 걸레에 베이킹 소다 가루를 뿌려서 닦아내고 잘 말리면 깨끗해져요.

준비물　베이킹 소다 가루, 걸레
빈도　오염이 생기면
속성　산성

1　꼭 짠 걸레에 베이킹 소다 가루를 뿌려주세요.
2　걸레로 더러운 부분을 부드럽게 문지르세요.
3　젖은 걸레로 닦아내고 잘 건조시킵니다.

울 세탁

울은 세탁을 자주 하면 좋지 않아요. 베이킹 소다 가루로 부분 세탁을 하면 모양이 망가지지 않아 오랫동안 입을 수 있지요.

준비물　베이킹 소다 가루, 세숫대야
빈도　더러워지면
속성　산성

1　물을 담은 세숫대야에 베이킹 소다 가루를 뿌립니다.
2　①에 울 제품의 더러워진 부분을 넣습니다.
3　부드럽게 눌러가며 빨고 잘 말리세요.

의류·속옷 세탁

아끼는 옷 손질

모양이 망가지는 것이 걱정되는 옷이라면 세탁기에 돌리고 나서 후회하지 말고 베이킹 소다 가루와 비누를 섞어서 손빨래하세요.

준비물   구연산수, 베이킹 소다 가루, 비누, 글리세린, 더운물, 양동이
빈도   그때마다
속성   산성

1   양동이에 더운물 3~4ℓ, 베이킹 소다 가루, 글리세린, 액체비누를 1/2큰술씩 넣고 녹인 후, 옷을 넣습니다.
2   가볍게 눌러가며 빨았으면 3~5ℓ의 물에 구연산 가루 1/4큰술을 넣어 섞은 후, 물로 헹구어 잘 말리세요.

양말 때 제거

양말의 흙때는 세탁 전에 베이킹 소다수와 비누로 빨아두세요. 베이킹 소다는 퀴퀴한 냄새까지 없애준답니다.

준비물   비누, 베이킹 소다수, 세숫대야
빈도   눈에 띄는 더러움이 생겼다면
속성   산성

1   세숫대야에 베이킹 소다수와 액체 비누를 적당량 넣어서 잘 섞어주세요.
2   ①속에 양말을 담그고 문지르며 빨아줍니다.
3   그대로 세탁기로 세탁합니다.

오리털 점퍼 손질

세탁할 수 없는 오리털 점퍼는 베이킹 소다 가루로 자주 손질해주세요. 드라이 클리닝 횟수를 줄일 수 있어요.

준비물   베이킹 소다 가루, 천, 브러시
빈도   그때마다
속성   산성

1   적신 천에 베이킹 소다 가루를 뿌립니다.
2   오염된 부분을 문지릅니다.
3   잘 말리고 남은 베이킹 소다 가루는 브러시로 털어냅니다.

타이즈 세탁

타이즈의 땀 냄새는 세탁 전에 없애는 것이 좋아요. 베이킹 소다 가루를 녹인 물에 담그기만 해도 냄새가 사라져요.

준비물	베이킹 소다 가루, 세숫대야, 뜨거운 물
빈도	그때마다
속성	산성

1 세숫대야에 미지근한 물 1ℓ와 베이킹 소다 가루 4큰술을 넣어 잘 섞어요.
2 ①에 타이즈를 담그세요.
3 1~2시간 그대로 두었다가 세탁기로 세탁하면 됩니다.

수영복 손질

풀장에서 수영한 후, 수영복은 베이킹 소다수에 담가두세요. 베이킹 소다수가 염소를 중화시켜서 수영복의 손상을 막아줍니다.

준비물	비누, 베이킹 소다수, 세숫대야
빈도	그때마다
속성	산성

1 베이킹 소다수를 넣은 세숫대야에 수영복을 넣고 1~2시간 둡니다.
2 액체비누를 넣어서 손세탁하고 물로 헹군 후, 잘 말려주세요.

baking soda's tip

베이킹 소다 세탁의 요령!

베이킹 소다는 의류에 자극을 주지 않아 면이나 마는 물론 폴리에스테르, 레이온도 세탁기에서 빨 수 있어요. 울이나 실크도 손세탁이라면 세탁할 수 있지요. 단, 드라이 마크가 있는 것과 색이 빠지기 쉬운 제품은 주의하세요.

얼룩 제거의 기본

얼룩은 생긴 직후에 베이킹 소다 가루를 뿌려서 뜨거운 물로 씻으면 없앨 수 있어요.
미루지 말고 바로 처리하세요.

준비물　　베이킹 소다 가루, 뜨거운 물, 세숫대야
빈도　　　그때마다
속성　　　산성

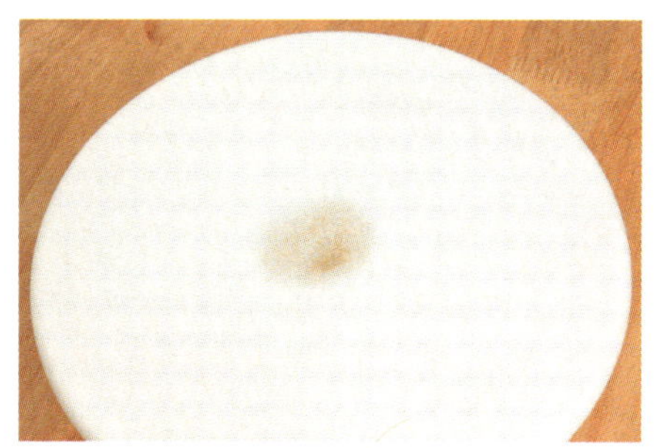

1　세숫대야에 얼룩이 생긴 옷을 넣습니다.

2　얼룩 부분에 베이킹 소다 가루를 듬뿍 뿌려서 손
으로 문지르세요.

3　세숫대야의 중심부터 천천히 뜨거운 물을 부어 옷
에 스며들게 합니다.

4　1~2시간 지나면 그대로 세탁기로 빱니다.

의류 얼룩 제거

기름기가 섞인 흙얼룩 제거

기름기 얼룩은 베이킹 소다 가루와 구연산수로 기름을 불린 후, 제거 하세요.

준비물　구연산수, 베이킹 소다 가루, 종이타올
빈도　더러움이 생기면
속성　산성

1　얼룩 부분 안쪽에 종이타올을 댑니다.
2　얼룩에 베이킹 소다 가루를 뿌리고 구연산수를 뿌립니다.
3　종이타올로 위에서부터 두드리는 것처럼 제거합니다.

우유 얼룩 제거

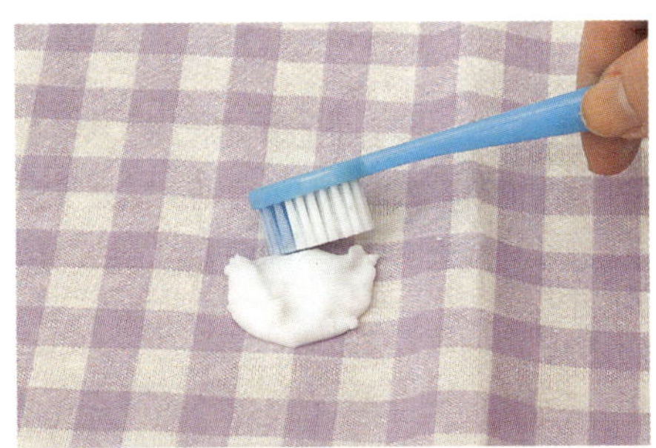

우유 얼룩은 그대로 세탁기에 넣어서 빨면 누런 자국이 남아요. 베이킹 소다 페이스트를 이용해서 먼저 손빨래해 주세요.

준비물　베이킹 소다 페이스트, 칫솔
빈도　더러워지면
속성　산성

1　오염 부분에 베이킹 소다 페이스트를 듬뿍 바르고 약 2시간 정도 그대로 두세요.
2　더러워진 부분을 칫솔로 문지릅니다.
3　물로 헹구고 세탁기로 세탁합니다.

토마토 소스 얼룩 제거

토마토 소스나 마요네즈의 얼룩은 흘리자마자 바로 베이킹 소다 가루를 뿌려주세요. 기름기를 흡착시켜 없앨 수 있어요.

준비물　베이킹 소다 가루
빈도　더러워지면
속성　산성

1　얼룩에 베이킹 소다 가루를 듬뿍 뿌려주세요.
2　손으로 잘 문지릅니다.
3　그대로 세탁기로 빱니다.

의류 얼룩 제거

간장 얼룩 제거

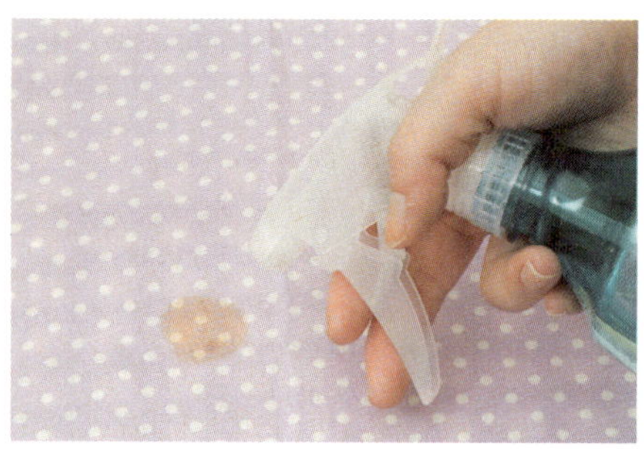

간장은 수용성이라 흘린 후 베이킹 소다수로 바로 닦으면 간단하게 없 앨 수 있어요.

준비물　베이킹 소다수, 천, 종이타올
빈도　더러워지면
속성　산성

1　마른 천으로 얼룩의 물기를 닦아내세요.
2　베이킹 소다수를 듬뿍 뿌립니다.
3　종이타올로 물기를 닦아줍니다.

과일 얼룩 제거

귤 등의 과일을 흘렸다면 바로 베이킹 소다 가루를 듬뿍 뿌려서 물기 를 흡착시키세요.

준비물　베이킹 소다 가루, 칫솔, 스펀지
빈도　더러워지면
속성　알칼리성

1　얼룩에 베이킹 소다 가루를 뿌립니다.
2　베이킹 소다 가루가 물기를 빨아들였다면 칫솔로 얼룩을 지우고 젖은 스펀지로 문지릅니다.
3　그대로 세탁기로 세탁하세요.

크레파스 낙서 제거

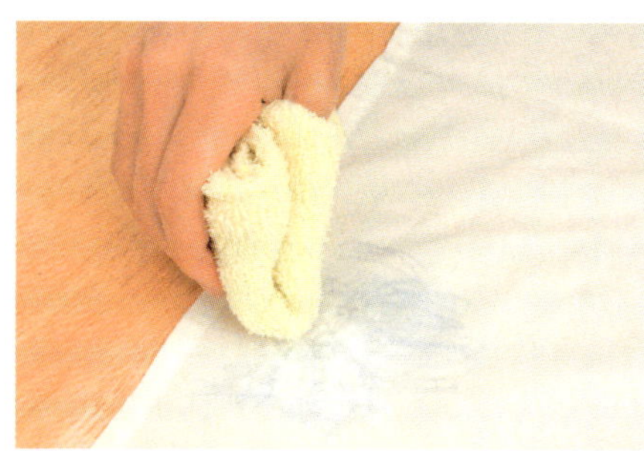

식탁보에 크레파스 낙서는 행주에 베이킹 소다 가루를 뿌려서 문질러 지우세요.

준비물　베이킹 소다 가루, 행주
빈도　더러워지면
속성　산성

1　적신 행주에 베이킹 소다 가루를 뿌립니다.
2　①로 낙서 부분을 문지릅니다.
3　그대로 세탁기로 세탁합니다.

주스 얼룩 제거

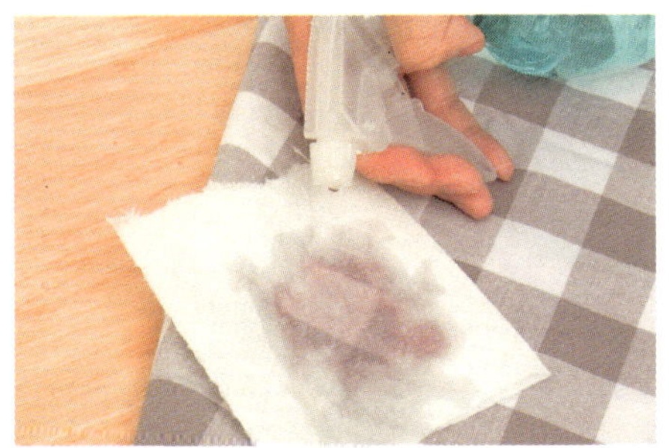

채소나 과일 주스는 알칼리성이므로 구연산수로 중화시켜 제거하세요.

준비물 구연산수, 종이타올
빈도 더러워지면
속성 알칼리성

1 더러워진 부분의 안과 바깥 쪽에 종이타올을 대고
물기를 빨아들이세요.
2 구연산수를 뿌려줍니다.
3 위에 종이타올을 대고 물기를 흡수시키세요.

계란 얼룩 제거

계란 등의 단백질 얼룩은 마르면 잘 떨어지지 않으니까 물로 적신 상태
에서 제거하세요.

준비물 베이킹 소다 가루, 숟가락, 행주
빈도 더러워지면
속성 산성

1 얼룩에 베이킹 소다 가루를 듬뿍 뿌려주세요.
2 베이킹 소다 가루가 물기를 흡수하면 숟가락으로 떼어내세요.
3 적신 행주로 잘 닦아내고 세탁기로 빱니다.

baking soda's tip

단백질 얼룩에는 육류 연화제가 효과적이에요

달걀 등 단백질의 심한 얼룩에는 육류연화제를 사용하는 것이
효과적이에요. 육류연화제란 파인애플에 들어있는 '프로메라인'이라는
효소를 말하는데 단백질을 부드럽게 해주는 작용을 해요. 이것으로 얼룩을
뺀 후, 베이킹 소다 가루를 넣어서 세탁하면 효과가 더 좋습니다.

의류 냄새 제거

옷 냄새 제거

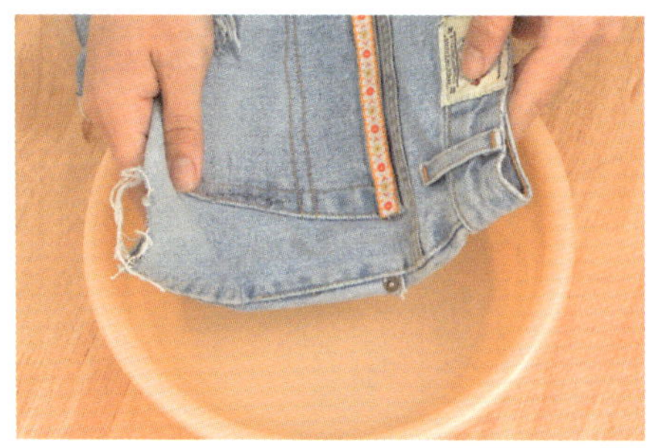

옷에 배인 담배 등의 냄새는 세탁 전에 베이킹 소다수에 담가주기만 하면 완전히 없앨 수 있어요.

준비물	베이킹 소다 가루, 뜨거운 물, 세숫대야
빈도	냄새가 신경쓰일 때
속성	산성

1　세숫대야에 뜨거운 물 1ℓ와 베이킹 소다 가루 1큰술을 넣고 잘 녹이세요.
2　옷을 ①에 담가서 약 1시간 정도 그대로 둡니다.
3　그대로 세탁기에 돌립니다.

빨래 바구니 냄새 제거

빨래 바구니는 항상 청결하게 유지해두세요. 그래야 빨래를 넣었을 때 냄새가 배지 않아요.

준비물	베이킹 소다 가루
빈도	그때마다
속성	산성

1　베이킹 소다 가루를 빨래바구니에 뿌립니다.
2　평소처럼 빨래를 넣습니다.

휘발유 냄새 제거

옷에 배인 휘발유 냄새가 거슬린다면 베이킹 소다 가루를 비닐 봉지에 넣고 옷과 함께 며칠 두었다 꺼내면 없어져요.

준비물	베이킹 소다 가루, 비닐 봉지
빈도	냄새가 신경쓰일 때
속성	산성

1　비닐 봉지에 의류를 넣습니다.
2　베이킹 소다 가루를 듬뿍 뿌리세요.
3　그대로 며칠 두었다가 세탁기에 돌립니다.

방충제 냄새 제거

오랜 시간 보관한 의류에서는 방충제 냄새가 나요. 베이킹 소다로 냄새를 없애고 세탁하세요.

준비물　베이킹 소다 가루
빈도　　냄새가 신경쓰일 때
속성　　산성

1　의류 전체에 베이킹 소다 가루를 뿌립니다.
2　그대로 1~2시간 둡니다.
3　베이킹 소다 가루를 브러시로 털어내고 세탁기로 세탁하세요.

토한 냄새 제거

닦아내는 것만으로는 사라지지 않는 토한 냄새는 베이킹 소다 가루에 에센셜 오일을 섞어서 없애보세요.

준비물　에센셜 오일, 베이킹 소다 가루, 종이 타올, 브러시
빈도　　그때마다
속성　　알칼리성

1　더러워진 부분을 종이 타올로 닦아냅니다.
2　더러워진 곳에 에센셜 오일을 몇 방울 섞은 베이킹 소다 가루를 듬뿍 올려서 2~3시간 그대로 둡니다.
3　베이킹 소다 가루를 브러시로 털고 세탁기로 돌립니다.

baking soda's tip

덜 마른 빨래에서 나는 고약한 냄새! 베이킹 소다로 해결하세요!

장마철이면 빨래가 덜 마른 퀴퀴한 냄새로 고민하게 됩니다.
옷은 젖은 채로 두면 냄새가 생기고 잡균도 번식하게 되니 주의하세요.
하지만 그런 고민도 베이킹 소다 세탁이라면 해결됩니다. 베이킹 소다가 냄새를 중화시키고 구연산이 잡균의 번식도 억누르니까요.

가
드
닝

/

일
상
생
활

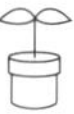

취미생활과 레저생활에서도 유용한 베이킹 소다!
눈이 번쩍 뜨이는 활용법! 욕실, 부엌, 거실 등에 그치지 않아요.
베이킹 소다는 화초의 영양제 등 여러 가지 쓰임이 있어요.

화초 손질

잎사귀 광택내기

식물의 잎에 힘이 없어졌다면 베이킹 소다수를 뿌려보세요. 모래와 먼지로 더러워진 잎사귀에 광택이 되살아납니다.

준비물	베이킹 소다수, 걸레
빈도	일주일에 한번
속성	중성

1 걸레에 베이킹 소다수를 뿌려서 적십니다.
2 잎사귀를 부드럽게 닦아줍니다.

화초 영양제

베이킹 소다수는 화초의 영양제로도 사용할 수 있어요. 물 주듯이 막 뿌리지 말고 상태를 보면서 조금씩 뿌려주세요.

준비물	베이킹 소다 가루, 물, 간수, 암모니아
빈도	화초의 상태를 살펴가며
속성	산성

1 양동이에 물 4ℓ, 베이킹 소다 가루와 간수를 1작은술, 암모니아 1/2작은술을 넣고 잘 섞습니다.
2 물뿌리개에 넣어서 조금씩 뿌리세요.

화병의 꽃을 오래도록

금세 시들어버리는 화병의 꽃도 베이킹 소다만 있으면 오래 두고 볼 수 있어요. 베이킹 소다가 박테리아의 번식을 막아주기 때문이지요.

준비물	베이킹 소다 가루
빈도	화병의 물이 흐려지면
속성	산성

1 화병의 물에 베이킹 소다 가루를 적당량 넣어주세요. 소다 가루가 녹으면 꽃을 꽂으세요.

야외활동

방충 스프레이

초목에 달라붙는 진드기나 응애 등의 해충은 베이킹 소다 방충 스프레이로 방제합니다. 원액은 한 달간 유효합니다.

준비물	베이킹 소다 가루, 식용유, 물, 분무기
빈도	해충이 생기면
속성	산성

1 베이킹 소다 가루 1작은술과 식용유 1/3컵을 섞습니다.
2 2작은술의 ①과 물 1컵을 섞습니다.
3 ②를 분무기에 넣어서 사용하세요.

벌레 퇴치 스프레이

벌레 물림도 베이킹 소다로 만든 벌레 퇴치 스프레이가 해결해줍니다. 자극이 없어 피부가 약한 사람에게도 안심하고 사용할 수 있어요.

준비물	베이킹 소다 가루, 무수에탄올, 라벤더 오일, 페퍼민트 오일, 정제수, 분무기
빈도	벌레가 신경쓰일 때

1 분무기에 무수에탄올 10㎖, 라벤더 오일 10방울, 페퍼민트 오일 2방울을 넣어서 섞습니다.
2 베이킹 소다 가루 1/4작은술과 정제수 50㎖를 더 넣어서 섞어줍니다.

캠핑 설거지

베이킹 소다 가루는 수돗가가 없는 캠핑장에서 설거지하기에도 안성맞춤. 그대로 흘려보내도 환경에 피해가 없는 안전한 물질이랍니다.

준비물	베이킹 소다 가루, 신문지
빈도	그때마다
속성	산성

1 식사 후에 식기에 베이킹 소다 가루를 뿌립니다.
2 더러움이 굳으면 신문지로 닦아내세요.

젖은 옷 냄새 제거

수영복이나 타올 등은 젖은 상태로 가지고 오지마세요. 집에 돌아오기
전에 베이킹 소다 가루를 뿌려서 냄새를 없애면 한결 편합니다.

준비물　　베이킹 소다 가루, 비닐 봉지
빈도　　　그때마다
속성　　　산성

1　수영복이나 수건 등 젖은 것을 비닐 봉지에 넣습니다.
2　베이킹 소다 가루를 뿌린 후, 그대로 가지고 오세요.
3　베이킹 소다 가루가 묻은 채로 세탁기에 넣어서 세탁합니다.

바디 페이퍼 대신

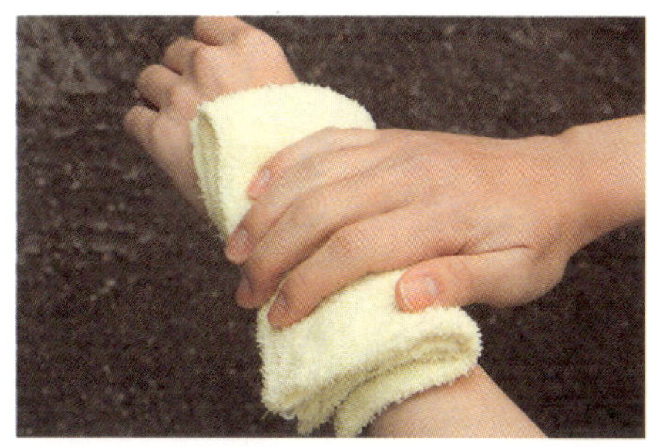

샤워를 할 수 없어도 베이킹 소다수로 몸을 닦으면 청결을 유지할 수 있
습니다. 캠핑을 갈 때에는 분무기에 넣어서 가지고 가면 편리해요.

준비물　　베이킹 소다수, 타올
빈도　　　샤워를 하고 싶을 때
속성　　　산성

1　베이킹 소다수를 타올에 뿌려서 적십니다.
2　타올로 몸을 닦습니다.

야외용 돗자리 관리

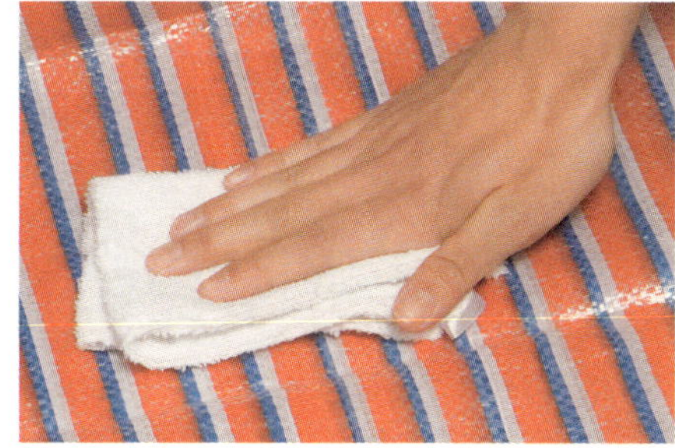

야외용 돗자리의 더러움은 깨끗이 없애지 않으면 수명이 단축됩니다. 사
용 후에는 베이킹 소다수에 적신 걸레로 닦아둡니다.

준비물　　베이킹 소다수, 걸레
빈도　　　그때마다
속성　　　산성

1　걸레를 베이킹 소다수에 적셔 꽉 짜주세요.
2　더러워진 부분을 닦고 잘 말리세요.

자동차

앞유리 청소

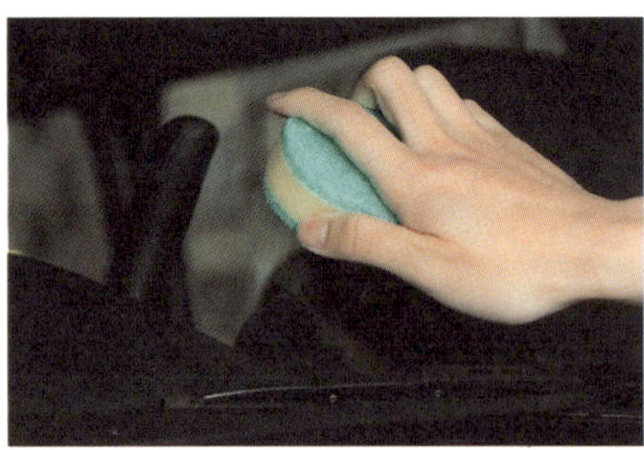

진흙이 튀기거나 먼지로 더러워지기 쉬운 자동차 앞유리는 스펀지에 베이킹 소다 가루를 묻혀서 없앤 후, 물로 닦아서 마무리합니다.

준비물	베이킹 소다 가루, 스펀지, 걸레
빈도	더러움이 눈에 띄면
속성	산성

1 적신 스펀지에 베이킹 소다 가루를 뿌려주세요
2 ①로 더러움을 문질러 주세요.
3 꼭 짠 걸레로 닦아내세요.

좌석 시트 청소

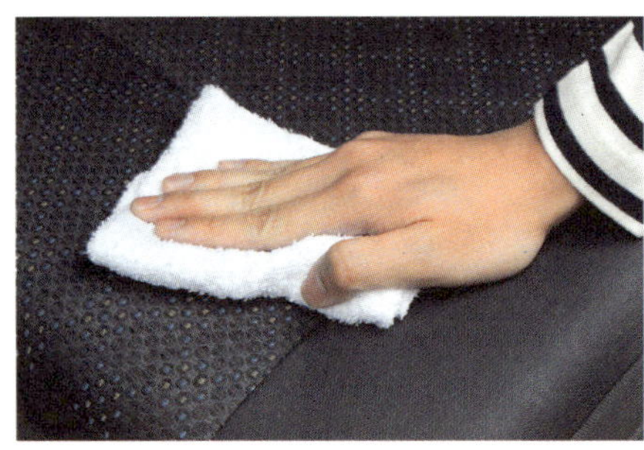

좌석 시트의 더러움이나 냄새는 베이킹 소다 가루를 뿌리고 천으로 닦아냅니다. 물로 씻을 수 없는 차 내부 청소도 베이킹 소다로 해결하세요.

준비물	베이킹 소다 가루, 걸레
빈도	더러워지면
속성	산성

1 꽉 짠 걸레로 더러운 부분을 닦습니다.
2 좌석 시트에 베이킹 소다 가루를 뿌려서 잠시 두었다가 마른 걸레로 닦아냅니다.

재떨이 냄새 제거

담배 냄새는 베이킹 소다 가루로 제거하세요. 재떨이에 베이킹 소다 가루를 깔아두면 담배 냄새를 줄일 수 있어요.

준비물	베이킹 소다 가루
빈도	한달에 한번
속성	알칼리성

1 재떨이의 쓰레기를 치운 후, 밑면에 베이킹 소다 가루를 약 1cm 정도 깔아두세요.

타이어 휠 청소

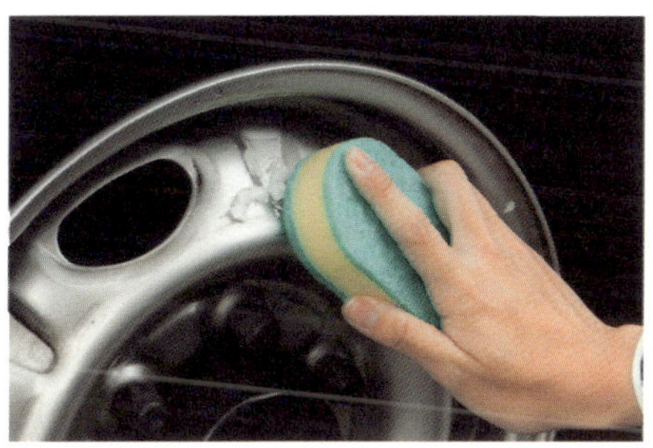

앞유리와 마찬가지로 휠도 쉽게 더러워집니다. 베이킹 소다 페이스트를 바른 스펀지로 청소하세요.

준비물	베이킹 소다 페이스트, 스펀지, 칫솔
빈도	더러움이 눈에 띄면
속성	산성

1 젖은 스펀지에 베이킹 소다 페이스트를 묻힙니다.
2 더러워진 부분을 닦아냅니다. 구석구석의 먼지와 때는 칫솔을 사용합니다.
3 물로 씻어냅니다.

자동차 몸체 청소

베이킹 소다 페이스트로 몸체의 도장에 흠집을 내지않고 더러움을 제거할 수 있습니다. 베이킹 소다 페이스트를 희석해서 부드럽게 닦아내세요.

준비물	베이킹 소다 페이스트, 천
빈도	더러워지면
속성	산성

1 적신 천에 희석한 베이킹 소다 페이스트를 발라주세요.
2 더러워진 부분에 바르고 약 5분 그대로 둡니다.
3 ②를 닦아내고 물로 씻어냅니다.

자동차 세차액

베이킹 소다로 세정액을 만들어 써 보세요. 빗자국이나 먼지 등을 간단하게 없앨 수 있어요.

준비물	베이킹 소다 가루, 양동이, 물, 액체 비누
빈도	더러워지면
속성	산성

1 양동이에 물 4ℓ와 베이킹 소다 가루 4큰술을 넣습니다.
2 ①에 액체비누2/3컵을 넣어 섞습니다.
※세차를 할 땐 ②를 한 양동이의 미지근한 물에 섞어서 사용합니다.

일상용품

실버 액세서리 닦기

까매진 실버 액세서리는 베이킹 소다수로 손질해 주세요. 돌이 들어있는 것이나 유황연기로 그슬린 은에는 사용할 수 없으니 주의하세요.

준비물　베이킹 소다수, 호일, 천
빈도　　까맣게 그을린 부분이 눈에 거슬릴 때
속성　　산성

1　실버 액세서리를 호일에 쌉니다.
2　베이킹 소다수에 약 10분간 담갔다가 꺼내세요.
3　호일을 벗기고 물로 씻어낸 후 마른 천으로 닦습니다.

책 곰팡이 냄새 제거

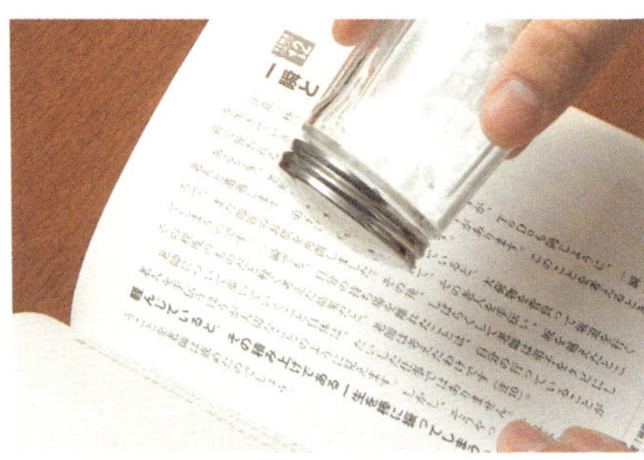

오랜 시간 책장에 꽂혀있어서 곰팡이 냄새가 나는 책엔 베이킹 소다 가루를 뿌려서 냄새를 없애면 좋아요.

준비물　베이킹 소다 가루
빈도　　곰팡이 냄새가 나면
속성　　산성

1　페이지 사이 사이에 베이킹 소다 가루를 뿌립니다.
2　며칠이 지나고 베이킹 소다 가루를 떨어냅니다.

화장품 파우치 관리

파운데이션 찌꺼기나 화장도구에 묻은 손때 등으로 더러워지기 쉬운 화장품 파우치. 바깥쪽과 안쪽 모두 베이킹 소다 가루로 관리하세요.

준비물　베이킹 소다 가루, 물, 세숫대야, 칫솔
빈도　　더러워지면
속성　　산성

1　물을 넣은 세숫대야에 베이킹 소다 가루 2큰술을 넣어 잘 섞습니다.
2　화장품 파우치를 넣어서 하룻밤 담가두세요.
3　칫솔로 더러운 부분을 닦은 후, 헹궈내세요.

까맣게 변한 동전 닦기

눈에 띄는 더러움은 베이킹 소다 가루에 비누를 섞는 것이 효과적이에요. 세정력이 높아져서 더러움이 잘 빠지거든요.

준비물	베이킹 소다 가루, 칫솔, 천
빈도	동전이 까맣게 변하면
속성	알칼리성

1 동전이나 기념 메달 등에 베이킹 소다 페이스트를 발라서 칫솔로 문지릅니다.

2 물로 씻어내고 마른 천으로 닦습니다.

안전한 베이킹 소다 점토 만들기

아이들과 점토놀이를 하고 싶지만 아이가 점토를 입에 넣어 버릴까봐 걱정이라면 베이킹 소다로 점토를 만들어보세요. 여기서 소개하는 베이킹 소다 점토는 밀가루나 바닐라 에센스 등 요리 때 사용하는 것으로만 만들기 때문에 잘못해서 먹어도 안심입니다.

준비물	베이킹 소다수 1작은술, 밀가루 2컵, 소금 조금, 쇼트닝 1/3컵, 설탕 2큰술, 더운물 2큰술, 바닐라 에센스 소량, 레몬즙 소량

1 재료 전부를 우묵한 그릇에 넣고 섞습니다.

2 원하는 형태로 만들어 150도의 오븐에서 20~30분 가열합니다. 표면에 달걀 노른자를 바르면 윤기가 납니다.

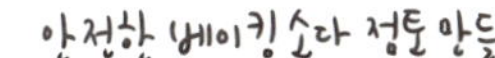

자전거 청소

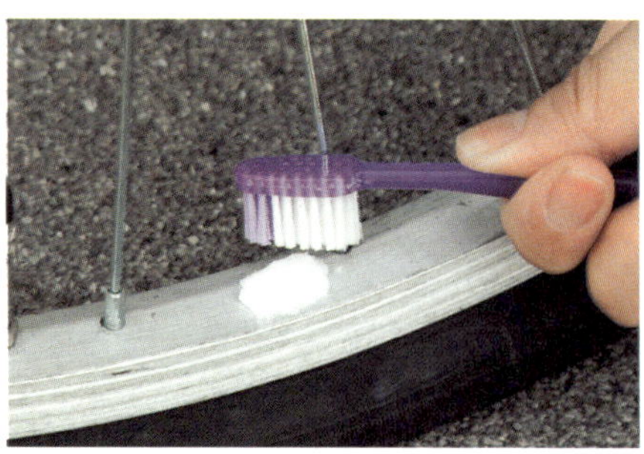

자전거에 붙은 진흙이나 먼지는 베이킹 소다 페이스트로 없앱니다. 도장이 벗겨지거나 차체에 흠집이 생길 걱정이 없지요.

준비물	베이킹 소다 페이스트, 칫솔, 걸레
빈도	더러워지면
속성	산성

1 칫솔에 베이킹 소다 페이스트를 바릅니다.
2 더러운 부분을 칫솔로 문지릅니다
3 베이킹 소다 페이스트를 물로 씻어내고 마른 걸레로 닦습니다.

가방 냄새 제거

캔버스 소재의 가방에는 잔 쓰레기나 냄새가 쌓이기 쉬워요. 베이킹 소다 가루를 뿌려서 청소기로 빨아들이면 청소도 냄새 제거도 한번에 끝!

준비물	베이킹 소다 가루, 청소기
빈도	더러워졌을 때
속성	산성

1 가방 안의 쓰레기나 먼지 등은 털어냅니다.
2 가방 안에 베이킹 소다 가루를 뿌리고 잠시 그대로 둡니다.
3 청소기로 베이킹 소다 가루를 빨아들입니다.

자수 부분 오염 관리

옷이나 소품 등의 자수가 더러워졌다면 세탁용 세제와 베이킹 소다수를 푼 물에 담가주세요. 바늘땀에 낀 때도 깨끗이 없애줍니다.

준비물	베이킹 소다 가루, 물, 세탁 세제, 세숫대야
빈도	더러워지면
속성	산성

1 베이킹 소다 가루 1/2컵, 물 1ℓ, 세탁용 세제 적당량을 섞어주세요.
2 세숫대야에 ①을 넣고 자수부분을 담가서 잠시 두었다가 물로 씻어낸 후 건조시키세요.

앨범 손질

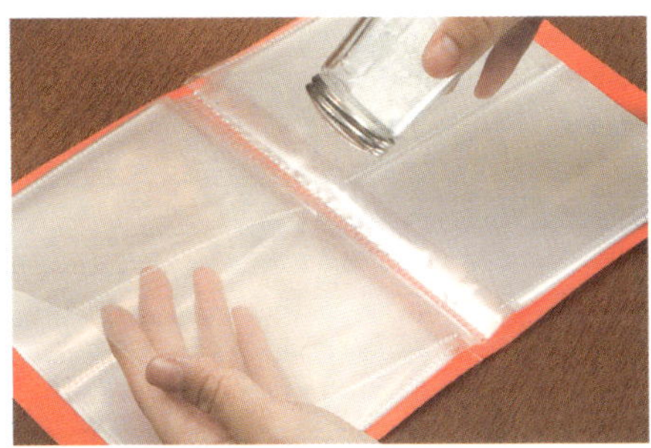

앨범의 비닐 속지가 페이지끼리 달라붙는 현상은 베이킹 소다 가루로 해결할 수 있어요. 동시에 곰팡이 예방과 냄새 제거 효과도 기대할 수 있어요.

준비물	베이킹 소다 가루, 스펀지, 칫솔
빈도	사진을 끼워넣기 전
속성	중성

1 페이지와 페이지 사이에 베이킹 소다 가루를 뿌리고 그대로 닫아서 보관합니다.

가죽가방 곰팡이 제거

가죽가방 등의 피혁제품에 생긴 곰팡이나 냄새는 베이킹 소다의 연마작용을 이용해서 정성껏 문질러 없애주세요.

준비물	구연산수, 베이킹 소다 가루
빈도	더러워지면
속성	알칼리성

1 꼭 짠 걸레에 베이킹 소다 가루를 뿌리고 곰팡이 부분을 문지릅니다.
2 구연산수를 뿌린 후, 물기를 닦고 그대로 건조시킵니다.

바늘 손질

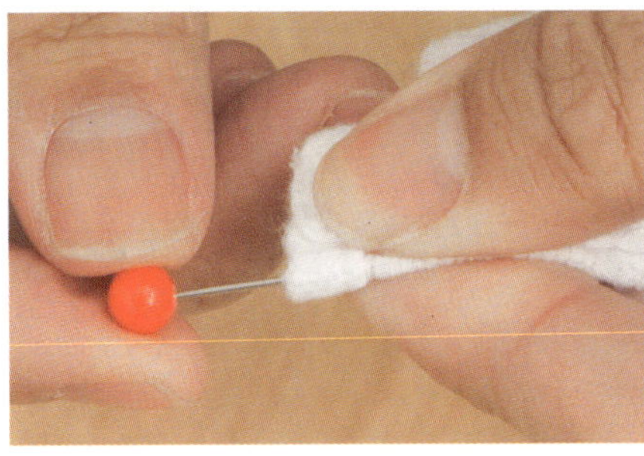

재봉바늘이나 시침바늘은 손의 기름기나 때 등이 묻어 뻑뻑해지기 쉽습니다. 베이킹 소다 가루로 닦으면 한결 부드러워집니다.

준비물	베이킹 소다 가루, 천
빈도	바늘이 뻑뻑해졌을 때
속성	산성

1 마른 천에 베이킹 소다 가루를 뿌립니다.
2 ①로 바늘을 문지릅니다.

애완동물

애완동물 패드 냄새 제거

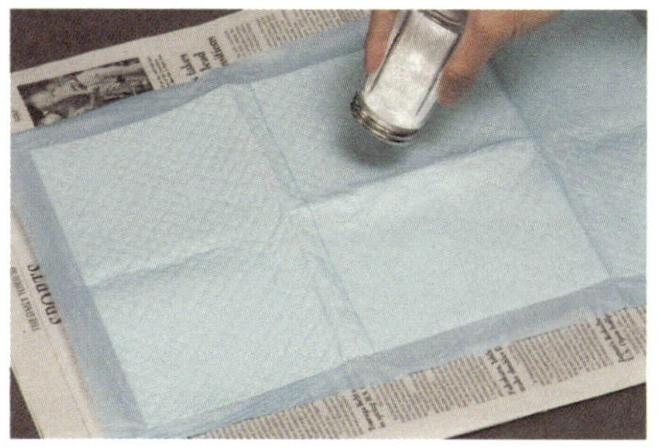

애완동물 패드에서 나는 냄새는 베이킹 소다 가루를 뿌려서 없애세요.
버릴 때마다 한번씩 뿌려주면 냄새가 줄어들어요.

준비물	베이킹 소다 가루
빈도	그때마다
속성	알칼리성

1 애완동물 패드에 베이킹 소다 가루를 뿌리세요.
2 쓰레기 봉지에 넣어서 버립니다.

애완동물 입 안을 깨끗하게

애완동물의 양치질이나 입 냄새 방지에도 효과적인 베이킹 소다. 나트륨
성분이 이빨과 입 속을 깨끗하게 해줍니다.

준비물	베이킹 소다수, 칫솔
빈도	그때마다
속성	산성

1 칫솔에 베이킹 소다수를 뿌립니다.
2 칫솔로 애완동물의 이빨을 닦아주세요.

애완동물 목줄 관리

아무리 신경써도 금방 더러워지기 쉬운 목줄. 베이킹 소다+더운물에 담
근 후, 문질러 빨면 먼지나 때 등이 빠져서 깨끗해집니다.

준비물	베이킹 소다+더운물, 세숫대야
빈도	더러워지면
속성	산성

1 세숫대야에 베이킹 소다+더운물을 넣어주세요.
2 목줄을 넣어서 문질러 빱니다.

애완동물 밥그릇 손질

애완동물 밥그릇 주변에 베이킹 소다 가루를 뿌려 위생적으로 관리하세요. 해충이 잘 달라붙지 않는답니다.

준비물　베이킹 소다 가루
빈도　베이킹 소다 가루가 사라지면
속성　중성

1　밥그릇이나 밥그릇 주변에 베이킹 소다 가루를 뿌려둡니다.
※며칠이 지나서 베이킹 소다 가루가 보이지 않으면 다시 베이킹 소다 가루를 뿌려주세요.

애완동물 놀이감 관리

애완동물의 놀이감은 애완동물의 침이나 집안의 먼지로 오염되기 쉽습니다. 베이킹 소다수를 뿌려서 잘 관리해주세요.

준비물　베이킹 소다수, 천
빈도　그때마다
속성　알칼리성

1　놀이감에 베이킹 소다수를 뿌립니다.
2　마른 천으로 지저분한 곳을 닦아내고 건조시킵니다.

베이킹 소다는 개나 고양이 이외의 애완동물에도 사용할 수 있어요.
예를 들어 햄스터의 몸에 뿌리거나 화장실용 모래나 모래놀이용 모래에 뿌려주는 것도 효과적입니다. 냄새가 나기 쉬운 햄스터의 화장실도 베이킹 소다의 탈취 효과로 금세 깔끔해집니다.

SURPRISING USES FOR
BAKING SODA

PART 02

베이킹 소다를 활용한 효과만점 스킨케어

스킨케어에 베이킹 소다와 구연산을 써 보세요.
베이킹 소다는 세면과 피부 관리, 구강 관리 등 머리부터 발끝까지 우리 몸 관리에
아주 유용합니다. 또 다이어트 효과까지 기대할 수 있어요.

베이킹 소다
미용 활용법!

얼굴 케어

약 알칼리성의 베이킹 소다라면 소중한
얼굴 케어에 사용해도 안심. 세안에서
스크럽까지 여러모로 쓰입니다.

p111~p114

구강 케어

베이킹 소다의 냄새 제거 효과로
입 안을 깔끔하게! 구강청결제와
치약으로도 좋습니다.

p115~p116

바디 케어

베이킹 소다 바디 팩과 스크럽제로 매끈매끈한 피부로!
어느 것이나 간단히 만들 수 있어요. 바로 도전해 보세요.

p117~p118

패치테스트를 합시다!

처음으로 베이킹 소다를
사용할 때는 꼭 패치테스트를
해보세요. 베이킹 소다를
같은 양의 물로 녹여 피부의
부드러운 부분에 발라서
하룻밤 그대로 두세요.
아무런 변화가 없다면 그대로
사용해도 좋습니다. 만약
피부에 이상이 생겼다면 바로
물로 씻어버리세요.

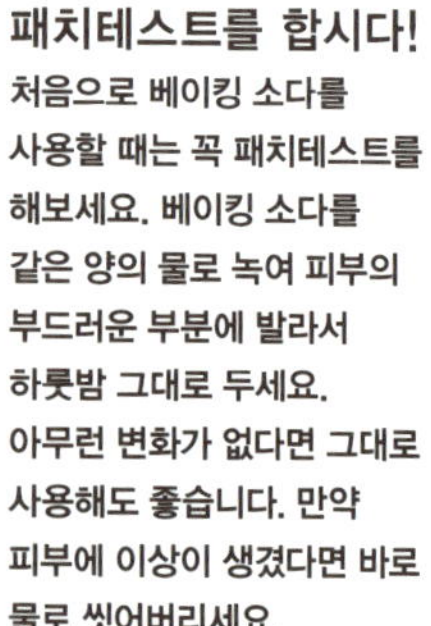

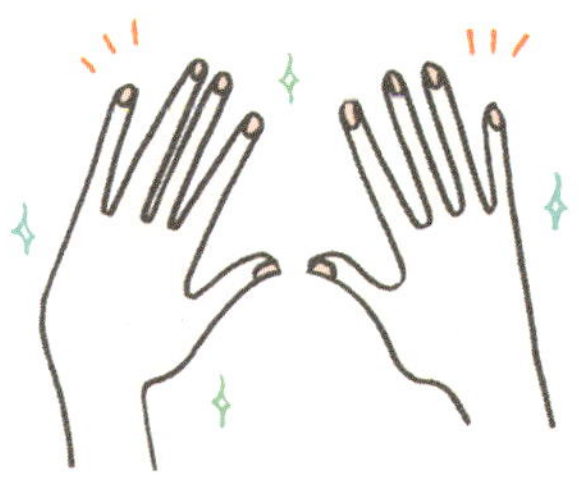

스페셜 케어

베이킹 소다는 스킨케어 외에도 여러
곳에서 활약합니다. 손톱면의 울퉁불퉁한
곳을 정리해주고 콘택트렌즈의
세정액으로도 사용할 수 있어요.

p119~p120

헤어 케어

머리카락이 상했거나 달라붙는 문제도
베이킹 소다가 해결해줍니다. 아름다운
큐티클을 다시 되돌릴 수 있어요.

p121

얼굴 케어

베이킹 소다 비누

환경에도 피부에도 자극없는 무첨가 베이킹 소다 비누. 베이킹 소다 가루의 입자가 모공에 낀 더러움을 없애줍니다.

재료	베이킹 소다 가루 2작은술, 구연산 가루 2줌, 순정비누 40g, 뜨거운 물 4큰술
도구	내열용기, 부엌칼, 요구르트 용기

1 순정비누를 얇게 잘라서 내열용기에 넣고 뜨거운 물을 부어주세요.
2 ①을 잘 부수어 매끌거리게 만듭니다.
3 베이킹 소다 가루를 첨가하고 잘 섞어 요구르트 용기에 넣어 하룻밤 둡니다.

사용법 평소의 세안과 같은 요령으로 베이킹 소다 비누로 거품을 내어 세수합니다.

베이킹 소다 페이스 워시

베이킹 소다 비누 만들기가 귀찮다면 시판 세안료에 베이킹 소다 가루를 뿌리는 '간단 베이킹 소다 페이스 워시'에 도전해보세요.

재료	베이킹 소다 가루 1/2작은술, 시판 세안료 적당량

1 시판 세안제를 손에 덜어 미지근한 물로 충분한 거품을 내주세요.

사용법 베이킹 소다 페이스 워시로 부드럽게 얼굴을 감싸듯이 마사지하고 미지근한 물로 잘 씻어내세요.

포인트 세안제의 거품과 베이킹 소다 가루의 스크럽 작용으로 더러움을 깨끗하게 없애줍니다.

베이킹 소다 화장수

번들거림이 신경쓰인다면 베이킹 소다 화장수를 써 보세요. 약 알칼리성의 베이킹 소다 가루가 유분을 적당히 관리해줍니다.

재료	베이킹 소다 가루 1/2작은술, 정제수 1/2컵
도구	불투명 스프레이병(빛 차단되는 것)

1 베이킹 소다 가루에 정제수를 넣어 잘 녹이세요.
2 ①을 불투명 스프레이병에 넣어서 써요.

사용법 세안 후, 얼굴 전체에 베이킹 소다 화장수를 뿌리고 손으로 가볍게 두드려서 피부에 스며들게 해주세요.

포인트 화장 후에 가볍게 뿌려주면 화장이 지워지는 걸 방지해주기도 해요.

베이킹 소다 보습 세안액

피부가 건조하다면 베이킹 소다 보습 세안액으로 미리미리 관리해보세요. 베이킹 소다 가루와 천연 오일의 보습효과로 피부가 촉촉해져요.

재료 베이킹 소다 가루 2작은술, 좋아하는 천연 오일 1~2방울
도구 세숫대야

1 따뜻한 물을 채운 세숫대야에 베이킹 소다 가루와 오일을 넣어 잘 섞습니다.

사용법 손바닥으로 따뜻한 물을 떠서 얼굴 전체를 씻고 화장수를 바르는 요령으로 피부 전체에 잘 스며들게 바르세요.

포인트 세안제로 씻은 후, 마무리 단계에서 사용하면 피부가 한층 촉촉해져요.

베이킹 소다 클린징 크림

베이킹 소다 가루의 입자는 클린징 크림으로 활용할 수 있어요. 게다가 피부의 각질을 제거해주는 스크럽 효과까지 기대할 수 있답니다.

재료 베이킹 소다 가루 3큰술, 글리세린 2큰술
도구 우묵한 작은 그릇, 밀폐용기

1 우묵한 그릇에 베이킹 소다 가루와 글리세린을 넣고 잘 섞어서 페이스트 상태로 만들어주세요.
2 밀폐용기에 넣어 보관하면 됩니다.

사용법 베이킹 소다 클린징 크림을 손에 조금만 덜어내어 충분히 거품을 내어 마사지하듯 씻으세요.

포인트 지성피부인 사람은 글리세린을 조금만, 건성피부인 사람은 많이 넣어주세요.

베이킹 소다 오일 스크럽

T존 부위나 이마 주변 모공의 더러움을 베이킹 소다 오일 스크럽으로 깔끔하게 제거하세요.

재료 베이킹 소다 가루 1큰술, 올리브 오일 2큰술
도구 작은 그릇

1 작은 그릇에 베이킹 소다 가루를 넣고 올리브 오일을 조금씩 넣으면서 섞으세요.

사용법 입과 눈 주위를 피해서 모공이 신경 쓰이는 부분에 바릅니다. 3~5분 정도 되면 미지근한 물로 씻어내고 평소처럼 세안하세요.

포인트 일주일에 한 번은 팩하는 날로 정하면 좋아요.

베이킹 소다 필링 페이스트

콧방울 주변에 신경쓰이는 피지나 오래된 각질을 베이킹 소다 필링 페이스트로 깔끔하게 제거해보세요. 피부 미인이 될 수 있어요.

재료   베이킹 소다 가루 2큰술, 스쿠알렌 1작은술
도구   작은 그릇

1   작은 그릇에 베이킹 소다 가루와 스쿠알렌을 넣고 끈기가 있는 페이스트 상태가 될 때까지 섞으세요.

사용법   콧방울 주변 등 피지나 모공의 더러움이 신경쓰이는 부분에 마사지한 후, 미지근한 물로 잘 씻어내세요.

포인트   스쿠알렌이란 깊은 바다 속 상어의 간유에서 추출한 천연성분이에요.

※스쿠알렌은 핸드메이드 화장품 전문점이나 인터넷에서 구입할 수 있어요.

베이킹 소다 미백 팩

베이킹 소다 가루의 필링 효과에 벌꿀의 보습, 살균, 미백효과를 더한 미백팩! 플로랄 워터 향으로 힐링 효과까지 기대할 수 있어요.

재료   베이킹 소다 가루 1작은술, 좋아하는 클레이 1작은술, 벌꿀 1/2작은술, 플로랄 워터 적당량
도구   우묵한 그릇

1   우묵한 그릇에 모든 재료를 넣고 페이스트 상태가 될 때까지 잘 섞습니다.

사용법   눈과 입 주변을 제외한 얼굴 전체에 팩을 합니다. 그대로 10~15분 정도 두었다가, 더운물로 부드럽게 씻어냅니다.

포인트   생약 성분의 유키노시타(바위치) 엑기스를 넣으면 미백 효과가 더 커집니다.

※클레이는 핸드메이드 화장품 전문점, 또는 인터넷에서 구입할 수 있어요.

구연산 화장수

피부의 번들거림이 신경쓰인다면 세안제로 씻은 후, 구연산을 넣은 산성 화장수로 모공을 꽉 조여주세요.

재료   구연산 가루 1/2작은술, 더운 물 1ℓ
도구   계량스푼, 세숫대야

1   더운 물을 넣은 세숫대야에 구연산 가루를 넣고 잘 섞어주세요.

사용법   세수를 다 하고 나서 구연산 화장수를 손바닥으로 떠서 얼굴 전체를 씻어주세요.

포인트   문지르지 말고 손바닥으로 얼굴을 두드리듯이 씻는 것이 포인트예요.

베이킹 소다 필링 로션

피부의 각질을 벗겨주는 베이킹 소다 필링 로션. 매일 손질할 때 사용해서 피부를 매끈하게 만들어 보세요.

재료	베이킹 소다 3/5작은술, 구연산분 1/2작은술, BG 1작은술, 플로랄 워터 1/2컵
도구	불투명 스프레이병(빛이 차단 되는 것), 우묵한 그릇

1 재료를 모두 우묵한 그릇에 넣어서 섞어주세요.

사용법 화장 솜에 흡수시켜 얼굴 전체를 부드럽게 닦아내세요.

포인트 일주일에 한 번은 팩하는 날로 정하면 좋아요

※BG란 부틸렌글라이콜의 약자 아세트알데히드를 합성해서 만드는 액체입니다. 플로랄 워터는 식물에서 에센셜 오일을 짤 때 발생하는 증류수를 말하며 핸드메이드 화장품 전문점, 또는 인터넷에서 살 수 있어요.

베이킹 소다 페이스 스크럽

콧방울 주변, 지저분한 피지는 손질하는 것이 중요해요. 베이킹 소다 가루와 구연산 가루를 이용해 산뜻한 피부를 가꿔보세요.

재료	베이킹 소다 가루 1/2컵, 액체비누 3큰술, 구연산 가루 1작은술
도구	우묵한 그릇, 거품기

1 우묵한 그릇에 베이킹 소다 가루와 액체비누를 넣고 거품기로 잘 섞어주세요.

2 구연산 가루를 넣고 한번 더 섞어주세요.

사용법 콧방울 주변에 베이킹 소다 페이스 스크럽을 듬뿍 바르고 검지로 원을 그리면서 마사지해주세요. 미지근한 물로 씻어내세요.

포인트 베이킹 소다와 구연산의 발포 작용이 모공의 더러움을 제거해줍니다.

※베이킹 소다 가루와 구연산 가루가 반응하여 생긴 거품을 크림상태가 될 때까지 섞었다면 바로 사용하세요.

눈이 간지러울 때

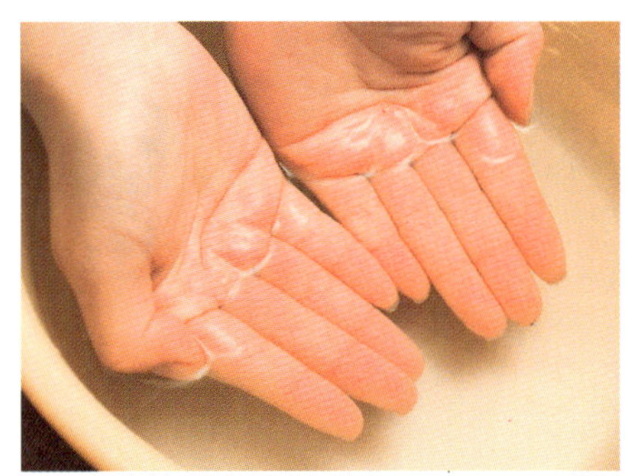

메이크업이 남아있어 눈이 간지러울 때가 있지요? 그럴 때도 베이킹 소다 가루를 써 보세요.

재료	베이킹 소다 가루 2~3작은술, 미지근한 물 3컵
도구	세숫대야

1 미지근한 물을 담은 세숫대야에 베이킹 소다를 넣고 잘 섞으세요.

사용법 양손으로 떠서 눈에 대고 눈을 여러 번 깜빡거리세요.

포인트 눈 점막에 부담을 주지 않을 정도의 베이킹 소다 농도는 3% 이내예요. 너무 많이 넣지 않도록 조심하세요.

구강 케어

베이킹 소다 입술팩

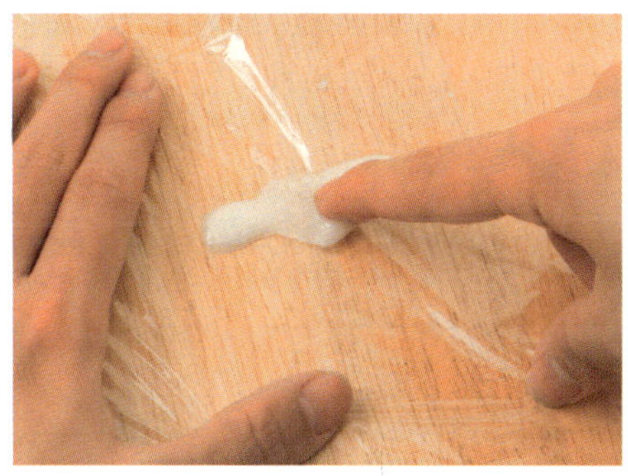

베이킹 소다 가루에 보습 효과가 좋은 벌꿀을 넣어 입술팩을 만들어보세요. 랩으로 팩해서 침투시키면 입술이 매끈매끈해져요.

재료　베이킹 소다 가루 1작은술, 벌꿀 1큰술
도구　작은 그릇, 랩

1　작은 그릇에 베이킹 소다 가루와 벌꿀을 넣고 잘 개어주세요.
2　랩에 ①을 바릅니다.
사용법　베이킹 소다 입술팩을 붙이고 약 10분 정도 그대로 두었다가 미지근한 물로 씻어내세요.

충치 예방

치간칫솔이나 치실에 베이킹 소다 가루를 뿌리면 베이킹 소다 가루의 입자가 이 사이의 찌꺼기를 확실하게 빼줘서 충치를 예방해줍니다.

재료　베이킹 소다 가루 적당량
도구　치간치솔, 치실

1　치간치솔과 치실에 베이킹 소다 가루를 뿌리세요.
사용법　평소와 같은 방법으로 이 사이를 닦아줍니다.

베이킹 소다 가글

입 냄새가 신경쓰인다면 바로 베이킹 소다 가글로 헹궈보세요. 입 안의 냄새가 중화되어 상쾌한 숨을 내쉬게 되지요.

재료　베이킹 소다 가루 1작은술, 정제수 2/1 컵, 박하유 1~2방울
도구　유리컵

1　유리컵에 정제수를 넣고 베이킹 소다 가루를 넣습니다.
2　베이킹 소다를 녹인 후, 박하유를 넣어 잘 섞습니다.
사용법　베이킹 소다 가글을 입에 머금고 가글합니다.
포인트　베이킹 소다 가글 습관을 들이면 치석도 없어집니다.

칫솔 손질

항상 사용하는 칫솔은 늘 세균에 노출되어 있어요. 베이킹 소다 가루를 사용해서 언제나 청결하게 관리하세요.

재료 　베이킹 소다 2큰술, 미지근한 물 2 + 2/1컵
도구 　유리컵, 칫솔

1 　미지근한 물을 넣은 유리컵에 베이킹 소다 가루를 넣고 잘 섞어서 녹입니다.

사용법 　사용한 칫솔을 유리컵에 넣어 약 10분 정도 그대로 둡니다. 물로 잘 헹구고 말립니다.

구내염 케어

베이킹 소다 가루는 구내염의 통증을 부드럽게 해줍니다. 동시에 입 냄새 제거 효과까지 있으니 꼭 해보세요.

재료 　베이킹 소다 가루 1작은술, 미지근한 물 2/1컵
도구 　유리컵

1 　유리컵에 미지근한 물을 넣고 베이킹 소다 가루를 넣어서 잘 섞어주세요.

사용법 　입에 머금었다가 헹궈내세요.
포인트 　베이킹 소다 가루는 더운 물에서 녹으면 알칼리도가 올라가므로 효과가 더 좋아져요.

베이킹 소다 치약

베이킹 소다 가루로 이를 닦으면 입자가 치석을 빼줄 뿐 아니라, 미백 작용도 있습니다.

재료 　베이킹 소다 가루 적당량, 시판되는 치약 적당량
도구 　칫솔

1 　치약을 바른 칫솔에 베이킹 소다 가루를 뿌립니다.

사용법 　평소처럼 정성껏 닦습니다.
포인트 　너무 세게 힘을 주지 말고 부드럽게 닦으세요.

바디 케어

베이킹 소다 바디팩

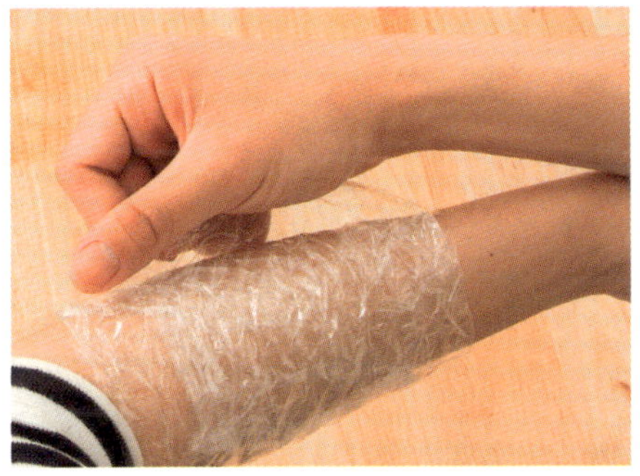

베이킹 소다 바디팩으로 전신 케어를 해보세요. 모공의 더러움을 제거하고 쫀쫀하고 투명한 피부를 만들어줍니다.

재료	베이킹 소다 가루 2큰술, 클레이 2큰술, 보습로션 2큰술
도구	우묵한 그릇, 계량스푼, 거품기, 보관용기, 랩

1 우묵한 그릇에 베이킹 소다, 클레이, 보습로션을 넣고 거품기로 잘 섞어주세요.

2 페이스트 상태가 되면 보관용기에 담습니다.

사용법 베이킹 소다 바디팩을 피부에 바르고 랩으로 감싸서 5~10분 정도 그대로 둔 후, 랩을 떼어내고 미지근한 물로 씻습니다.

포인트 랩으로 감싸면 대사가 더 좋아져서 셀룰라이트 방지 효과까지 기대할 수 있어요.

베이킹 소다 포인트 스크럽

팔꿈치나 무릎 등 잘 거칠어지는 곳은 베이킹 소다 포인트 스크럽으로 집중관리하세요. 각질을 깨끗하게 없애줍니다.

재료	베이킹 소다 가루 1작은술, 굵은 소금 1작은술, 올리브 오일 2작은술
도구	작은 그릇

1 작은 그릇에 베이킹 소다 가루, 굵은 소금, 올리브 오일을 넣어서 잘 섞으세요.

사용법 베이킹 소다 포인트 스크럽을 적당량 덜어서 거칠어진 부분에 손바닥으로 마사지한 후, 미지근한 물로 씻어내세요.

포인트 사용 후에도 끈적거림이 남아있으면 비누로 한번 더 씻어내세요.

베이킹 소다 바디 스크럽

피부가 거칠어졌다면 베이킹 소다 바디 스크럽으로 마사지해보세요. 목욕 후, 부드러워진 피부에 사용하면 효과가 더 좋습니다.

재료	베이킹 소다 가루 1작은술, 목욕 비누 적당량
도구	스펀지

1 물에 적신 스펀지에 목욕 비누를 발라 거품을 충분히 내세요.

2 베이킹 소다 가루를 뿌려서 거품으로 감싸듯이 섞습니다.

사용법 베이킹 소다 바디 스크럽을 묻힌 스펀지로 원을 그리면서 전신을 부드럽게 마사지합니다.

포인트 베이킹 소다 가루가 남은 상태에서 마사지를 해주세요.

베이킹 소다 포인트 케어

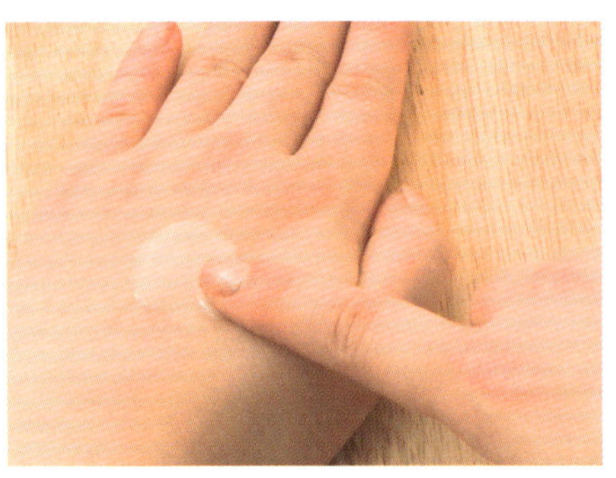

피부의 칙칙함이 신경쓰이는 곳은 베이킹 소다 오일 스크럽으로 정성껏 손질하세요. 목이나 등의 포인트 케어에도 추천합니다.

재료　p112 베이킹 소다 오일 스크럽 참고

1　p112 베이킹 소다 오일 스크럽을 참고하세요.

사용법　피부의 칙칙함이 신경쓰이는 부분에 베이킹 소다 오일 스크럽을 바르고 3~5분 그대로 두었다가 미지근한 물로 씻어내세요. 얼굴용 화장수와 유액으로 보습하여 마무리합니다.

베이킹 소다 핸드 크림

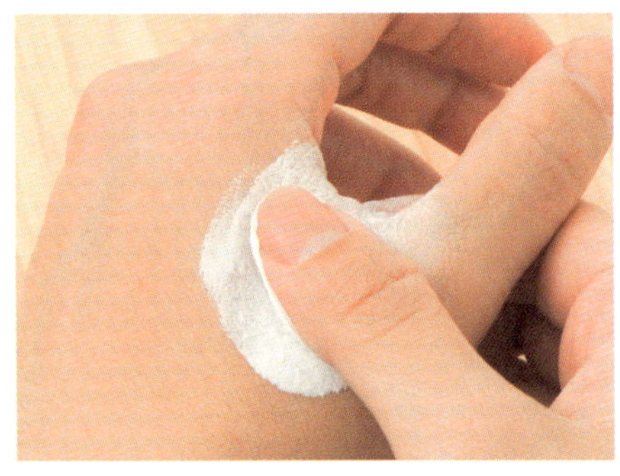

베이킹 소다 핸드 크림으로 부드럽게 마사지하면 부은 손가락이 개운해져요. 에센셜 오일을 첨가해주면 릴렉스 효과까지 기대할 수 있답니다.

재료　베이킹 소다 3큰술, 좋아하는 에센셜 오일 적당량,
글리세린 5작은술
도구　작은 그릇

1　작은 그릇에 베이킹 소다 가루와 좋아하는 에센셜 오일을 넣어서 섞습니다.
2　글리세린을 첨가하여 페이스트 상태가 될 때까지 잘 갭니다.
사용법　왼손을 가볍게 쥐고 엄지손가락의 시작부분에 로션을 바르고 오른손 엄지로 원을 그리면서 마사지해나갑니다. 모든 손가락을 마사지한 후에 미지근한 물로 씻어냅니다.

베이킹 소다 풋 바스

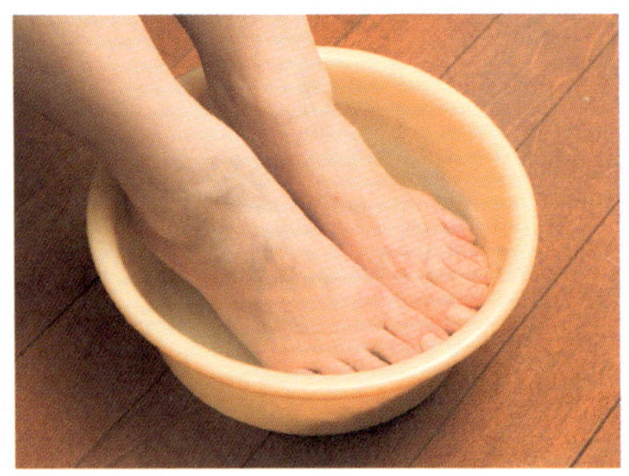

베이킹 소다 풋 바스로 피로를 풀어보세요. 베이킹 소다의 혈행 촉진 효과로 몸이 따끈따끈해져서 피곤이 확 풀립니다.

재료　베이킹 소다 가루 5큰술, 미지근한 물 2ℓ
도구　세숫대야, 수건

1　더운 물을 넣은 세숫대야에 베이킹 소다 가루를 넣으세요.
사용법　세숫대야에 발을 넣고 약 15분 정도 담그세요. 몸이 따뜻해지면 물로 씻어내고 수건으로 물기를 닦습니다.
포인트　마지막에 베이킹 소다 바디 스크럽(p117참조)을 사용하면 효과가 더욱 좋아져요.

스페셜 케어

베이킹 소다 땀 방지 파우더

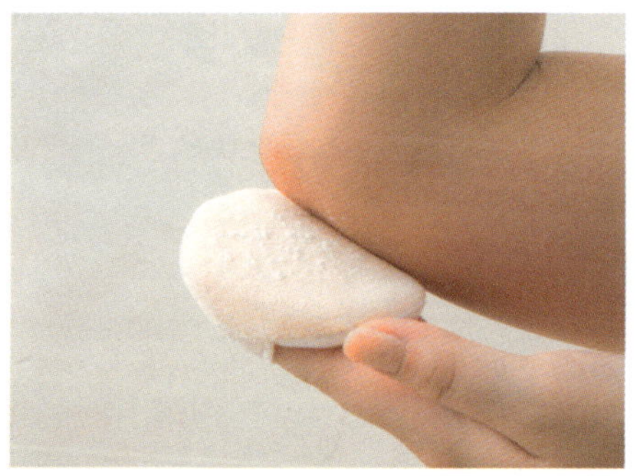

베이킹 소다 가루의 제취 효과로 땀과 피지의 불쾌한 냄새를 없앨 수 있어요. 땀과 피지를 흡수해서 피부를 보송보송하게 만들어줍니다.

재료　베이킹 소다 가루 1작은술, 베이비 파우더 적당량
도구　작은 그릇, 페이스 퍼프

1　작은 그릇에 베이킹 소다 가루와 베이비 파우더를 넣고 잘 섞으세요.

사용법　베이킹 소다를 넣은 파우더를 페이스 퍼프에 적당량 묻혀서 겨드랑이 등 냄새가 신경쓰이는 부분에 두드려주세요.

베이킹 소다 귀 클리너

베이킹 소다 귀 클리너를 귀 속에 바르고 귀를 후비세요. 굳은 귀지를 불려주어서 손질이 편해요.

재료　베이킹 소다 가루 귀이개 한술, 글리세린 1큰술, 정제수 1큰술
도구　작은 그릇, 면봉

1　작은 그릇에 글리세린과 정제수를 넣어서 섞어요.
2　①에 베이킹 소다 가루를 넣어서 미지근한 페이스트 상태가 될 때까지 잘 섞어주세요.

사용법　면봉에 베이킹 소다 귀 클리너를 묻혀 귀 속에 바르고 1~2분 두었다가 마른 면봉으로 귀지를 빼내세요.

손톱 관리

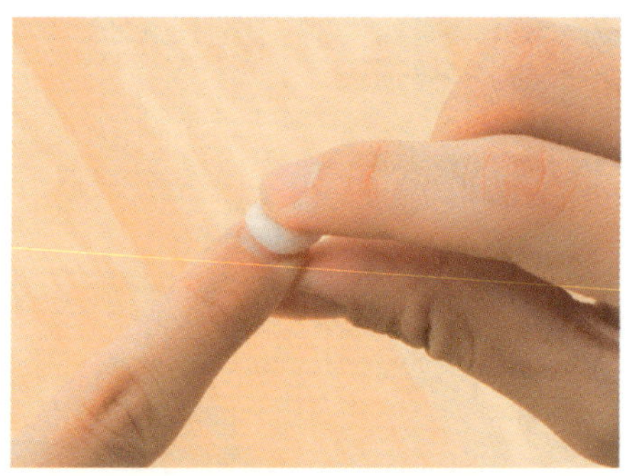

손톱의 표면이 고르지 못한 상태를 그냥 두면 매니큐어를 바를 때 울퉁불퉁해보입니다. 베이킹 소다로 문질러서 매끄럽게 만들어 보세요.

재료　베이킹 소다 가루 2큰술, 정제수 2큰술
도구　작은 그릇

1　작은 그릇에 베이킹 소다 가루와 정제수를 넣고, 페이스트 상태가 될 때까지 잘 섞으세요.

사용법　베이킹 소다 페이스트를 직경 1cm 정도로 공처럼 만들어 손톱 위에 올리고 검지의 배로 손톱과 손톱의 주변을 문지르세요. 같은 방법으로 모든 손톱을 문지르세요.

안경 관리

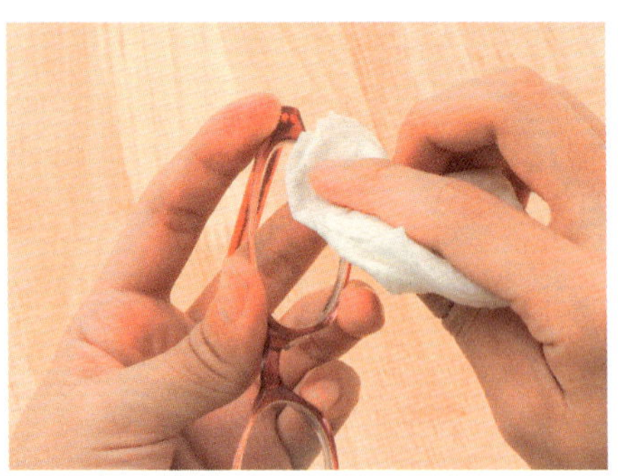

안경에 붙은 손때 등의 더러움도 베이킹 소다수에 담가서 닦으면 아주 깨끗해져요.

재료	베이킹 소다 가루 적당량, 물 2ℓ
도구	작은 그릇세숫대야, 안경, 천

1 물을 담은 세숫대야에 베이킹 소다 가루를 뿌리고 잘 녹이세요.

사용법 베이킹 소다수 안에 안경을 담그고 손가락으로 부드럽게 문지르세요. 그리고 부드러운 천으로 물기를 깔끔하게 닦아냅니다.

포인트 금속제 프레임을 넣으면 녹의 원인이 되니 주의하세요.

콘택트렌즈 관리

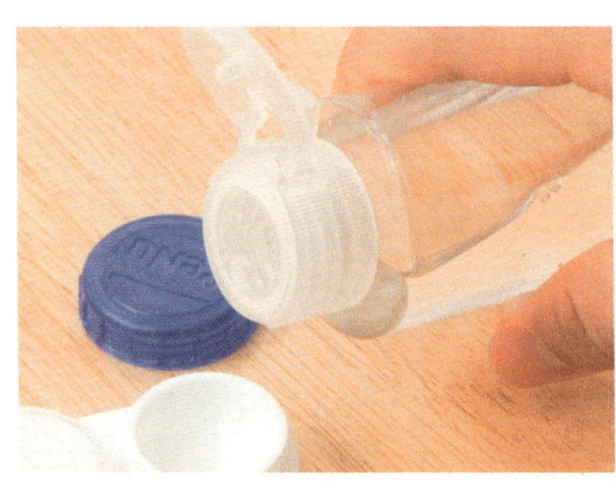

콘택트렌즈 세정액에 베이킹 소다를 더하면 세정력이 좋아집니다. 렌즈의 더러움을 확실하게 제거할 수 있어요.

재료	베이킹 소다 가루 1작은술, 콘택트렌즈 세정액 2큰술
도구	작은 그릇, 콘택트렌즈 케이스

1 작은 그릇에 베이킹 소다 가루와 콘택트렌즈 세정액을 넣어서 잘 섞으세요.

사용법 만든 세정수에 콘택트렌즈를 잘 문질러 씻은 후, 콘택트렌즈 케이스에 세정액을 넣고 하룻밤 그대로 담궈두세요.

포인트 하드 렌즈에는 시용할 수 없으니 주의하세요.

집안의 건조 방지

집안이 건조하면 피부의 건조와 목 통증의 원인이 됩니다. 베이킹 소다 수를 집 안에 뿌려 적당한 습도를 유지하세요.

재료	베이킹 소다수 적당량
도구	분무기

1 베이킹 소다수를 분무기에 넣으세요.

사용법 분무기에 넣은 베이킹 소다수를 집 안 곳곳에 뿌리세요.

포인트 베이킹 소다수의 제취 작용으로 방 안의 악취가 사라집니다.

헤어 케어

베이킹 소다 샴푸

방심하기 쉬운 머리카락 손질도 베이킹 소다로 해보세요. 베이킹 소다의 탈취, 제취, 향균 작용으로 건강한 머릿결이 되살아납니다.

재료	베이킹 소다 가루 적당량, 순정 비누 적당량
1	순정 비누를 거품을 낸 후, 베이킹 소다 가루를 뿌립니다.
사용법	샴푸할 때와 같은 요령으로 두피를 부드럽게 마사지하며 머리를 감아요.
포인트	베이킹 소다 가루와 비누의 알칼리 파워가 더러움을 확실히 제거해줍니다.

구연산 린스

베이킹 소다 샴푸는 알칼리성 성질로 머리카락의 큐티클층을 열어버리기 때문에 구연산의 산으로 닫아서 머리카락의 손상을 방지하세요.

재료	구연산 가루 1 1/2큰술, 글리세린 1/2큰술 정제수 1 1/2컵, 원하는 아로마 오일 몇 방울
도구	우묵한 그릇, 거품기, 병, 세숫대야
1	모든 재료를 넣고 거품기로 잘 섞습니다.
2	병 용기에 ①을 넣어서 보관합니다.
사용법	세숫대야에 따뜻한 물을 반 정도 붓고 구연산 린스를 1큰술 첨가하여 잘 섞은 후, 머리카락 전체를 담그세요.
포인트	세숫대야에 남은 구연산 린스는 머리카락에 뿌리고 따뜻한 물로 가볍게 헹궈주세요.

머리카락 냄새 제거

베이킹 소다수를 사용하면 머리카락에서 나는 냄새도 깔끔하게 없앨 수 있어요. 조금씩 뿌려주면 하루 종일 쾌적하게 지낼 수 있어요.

재료	베이킹 소다수 적당량
도구	분무기, 브러쉬
1	베이킹 소다수를 머리 전체에 뿌려줍니다.
사용법	머리카락에 뿌리고 브러쉬로 빗어주세요.
포인트	휴대용 분무기에 넣어 가지고 다니면 편해요.

두피 손질

머리카락의 끈적임이나 비듬이 신경 쓰인다면 베이킹 소다 가루를 뿌려서 두피를 잘 마사지해보세요.

재료	베이킹 소다 가루 적당량
도구	드라이기

사용법 베이킹 소다 가루를 두피에 뿌리고 문질러 바르듯이 두피를 마사지합니다. 그 다음에 더운 물로 씻어내고 드라이어로 잘 말리세요.

포인트 베이킹 소다 가루로 두피를 마사지하면 머리카락도 건강해져요.

레몬 소다수 다이어트

베이킹 소다에 레몬즙을 넣으면 알칼리성과 산성이 반응해서 거품을 일으켜요. 이 작용이 위를 부풀려서 포만감을 느끼게 한답니다. 레몬에는 비타민도 풍부하니까 매일 습관처럼 마셔 몸 속부터 예뻐지세요.

레몬 소다수의 효과

과식을 방지해줘요 레몬 소다수를 마시면 탄산가스가 위 속에서 부풀어 포만감을 느끼게 되지요. 그 작용이 과식을 막아준답니다.

장을 활성화시켜줘요 레몬 소다수를 마시면 뇌가 장에게 '연동운동'이라는 소화관의 운동을 시켜서 변비를 해소해줘요.

대사가 잘 되게 해줘요 레몬 소다수는 지방의 대사를 도와줍니다. 이것이 지방이나 설탕의 흡수를 막아주지요.

레몬 소다수 만들기

1 유리컵에 차가운 물 1컵을 부으세요.

2 반으로 자른 레몬을 짜고 잘 섞어요.

3 유리컵에 식용 베이킹 소다 가루 1g을 넣으세요.

4 베이킹 소다 가루가 녹을 때까지 잘 저어주세요.

레몬 소다수 마시기

point 1

반드시 냉수를 쓰세요

높은 온도에서는 레몬 소다수의 발포작용이 약해져요. 레몬 소다수를 만들 때의 물은 미리 냉장고에서 차갑게 해두고 만든 후에는 바로 마시도록 하세요.

point 2

식사 중에 드세요

레몬 소다수는 식사 중에 마셔야 효과를 제대로 발휘할 수 있어요. 식사 양을 줄이는 것이 목적이므로 식후에 마시면 그 효과를 기대할 수 없으니 주의하세요.

☠ *caution!*

베이킹 소다 가루는 하루에 5g까지만!

베이킹 소다는 염분량이 많기 때문에 지나치게 섭취하면 염분 과다가 될 수 있으니 주의하세요. 하루에 5g까지가 권장량입니다.

베이킹 소다 생활 Q&A

베이킹 소다를 쓰다보면 궁금한 점이 자꾸 생겨요. 쓰는 요령을 알면 알수록 활용 폭도 넓어진답니다.
알면 알수록 더 즐거운 베이킹 소다 생활을 시작하세요!!

베이킹 소다는 항균작용도 하나요?

균의 번식을 막는 부드러운 제균 작용을 합니다. 배수구에 뿌리면 잡균의 번식을 억누르는 등 부드러운 제균작용을 합니다. 하지만 살균 효과를 크게 기대할 수는 없답니다. 항균효과를 원한다면   베이킹 소다로 더러움을 없앤 후, 구연산수를 뿌려주세요.

베이킹 소다 청소를 할 때 주의할 것은 무엇인가요?

베이킹 소다를 사용하면 변색되는 소재가 있습니다. 수지 가공 되지 않은 나무 가구나, 알루미늄 제품, 돗자리에는 베이킹 소다를 사용하지 마세요. 가공 되지 않은 나무나 돗자리의 경우엔 허옇게 되고, 알루미늄 제품은 까맣게 변색될 수 있으므로 주의가 필요합니다. 베이킹 소다를 사용하고 난 후 물이나 구연산수에 적신 천으로 깨끗이 닦아주세요. 또 세탁기에 넣을 수 없는 의류(니트 등)에는 사용하지 않도록 하세요.

베이킹 소다 가루로 닦아도 소재에 흠집이 나지 않을까요?

결정구조가 부드러우므로 흠집이 생길 염려는 없습니다.
베이킹 소다는 연마작용을 하지만 시판 세제와는 달리 결정구조가 부드럽기 때문에 닦이는 소재에 상처가 날 염려없이 더러움만 제거할 수 있어요. 그래서 탄 냄비를 닦을 때 아주 편리하답니다.

※의류 등 섬유제품에 사용할 때는 지나치게 힘을 주지 마세요.

베이킹 소다 청소에 사용하면 안 되는 세제가 있나요?

염소계 세제와 구연산수는 같이 섞어서 사용하면 안됩니다.
베이킹 소다 청소에서 빼놓을 수 없는 구연산은 염소계 세제와 섞이면 화학반응을 일으켜 유독가스가 발생할 수 있어요. 다른 소재의 세제를 함께 사용할 때에는 꼭 뒷면의 주의사항을 읽어보도록 하세요. 그리고 세제의 종류에 상관없이 청소 중에는 환기를 시키는 것이 좋아요.

베이킹 소다의 보관법과 사용기한을 알려주세요

바람이 잘 통하는 곳에서 3년을 기준으로 사용하는 것이 좋습니다. 밀폐용기에 넣어서 바람이 잘 통하는 냉암소에 보관하세요. 딱딱해지면 살짝 부숴서 사용하면 됩니다. 사용기한을 알고 싶으면 식초를 몇 방울 떨어뜨려보세요. 만약 거품이 생기면 문제없이 사용할 수 있답니다.

베이킹 소다를   배수구에 흘려버리면 혹시 환경 오염의 원인이 되지 않을까요?

환경에는 전혀 문제가 되지 않습니다. 베이킹 소다는 약알칼리성으로 원래 자연계에 존재하고 있습니다. 그래서 환경에도, 인체에도 무해하지요. 그래서 청소뿐 아니라, 환경면에서도 토양의 퇴비화, 쓰레기 처리장의 냄새 제거 등 여러 면에서 활약하고 있어요. 그러므로 청소 후에 베이킹 소다수를 그대로 흘려보내도 환경엔 전혀 문제가 되지 않습니다.

베이킹 소다수를 사용해서 청소를 하면 하얀 자국이 남아요.

확실하게 물로 씻어내거나 중화시키세요. 베이킹 소다수를 뿌린 후, 그대로 두면 수분이 증발해서 허연 베이킹 소다 가루만 남아있게 되지요. 그러니까 베이킹 소다를 사용하고 나서는 물로 씻어 내거나 산성(식초나 구연산 등)소재로 중화시키세요.
베이킹 소다를 사용한 후에는 냄새가 신경 쓰이지 않는 구연산
수를 뿌리는 방법을 추천합니다.

탈취제로 사용한 베이킹 소다는 재사용해도 되나요?
냄새를 흡수한 베이킹 소다는 사용할 수 없습니다. 탈취제로
사용한 경우, 공기에 노출된 표면 부분만 베이킹 소다의 효과
가 사라집니다. 그 아랫부분은 충분히 베이킹 소다의 효과가
남아있다는 것이죠. 재사용할 때는 표면의 1cm 정도를 덜어
내버리고 사용하세요. 탈취제로 사용할 때는 베이킹 소다를 너
무 많이 넣지 않아야 낭비를 줄일 수 있어요.

베이킹 소다의 양을 늘리면 청소 효과도 더 좋아지나요?
적당량 이상은 효과를 기대할 수 없습니다. 보다 효과적인 것
은 양을 늘리는 것보다 자주 청소를 하거나 베이킹 소다 페이
스트로 팩을 하는 것이랍니다. 베이킹 소다수는 8%로 포화상
태가 되기 때문에 최대 100㎖의 물에 8g의 베이킹 소다를 녹
이세요. 청소, 요리, 미용에서 사용할 때도 많이 쓴다고 효과
가 좋아지는 것은 아니에요. 적당량은 12-13쪽을 참고하세요.

베이킹 소다 Hit 레시피,
바스붐 만들기

요즘 화제가 되고 있는 바스붐. 욕조에 넣으면 슈~욱 거품을 일으키면서 녹는 것이 재미있지요. 베이킹
소다와 구연산으로 간단히 만들 수 있는데다 에센셜 오일이나 클레이로 향과 색을 입힐 수도 있어요.

바스붐이 뭔가요?

바스붐이란 베이킹 소다와 구연산을 섞어서 만든 입욕제를 말합
니다. 욕조에 넣으면 따뜻한 물에서 발포작용을 일으켜 슈~욱
소리를 내며 녹기 때문에 '목욕 폭탄'이라고도 불리는 바스붐. 베
이킹 소다의 연수화 작용으로 물이 부드러워져서 피부가 매끈매
끈해지는 효과와 혈행을 촉진시키는 효과가 있습니다.

바스붐의 효과

혈행 촉진 효과 베이킹 소다와 구연산을 섞어서 발생하는 탄산
가스가 피의 흐름을 촉진시켜 몸 전체가 따스해집니다. 또 목
욕 후의 보온 효과도 높아 오랜 시간 따끈따끈한 상태가 지속
된답니다.
릴렉스 효과 몸이 충분히 따뜻해지면 피곤이 풀려서 자연스럽
게 편안한 기분이 됩니다. 거기에 에센셜 오일을 더하면 아로마
에 의한 릴렉스 작용으로 기분 전환이 되어 하루의 피곤을 푸
는데 좋아요.

바스붐, 직접 만들어보세요

파는 것보다 훨씬 저렴하게 만들 수 있어요
직접 만들기의 장점은 뭐니뭐니해도 시판 상품보다 저렴한 가격
으로 만들 수 있다는 것! 심플한 기본 바스붐이라면 1,500원 전
후로 만들 수 있습니다.
원하는 향, 디자인으로 만들 수 있어요
원하는 에센셜 오일이나 클레이를 섞으면 나만의 바스붐을 만들
수 있는 것도 핸드메이드 바스붐의 매력입니다. 아이디어에 따라
서 수많은 바스붐을 만들어 볼 수 있어요.

─── 기본 재료 ───

베이킹 소다 가루
바스붐 만들기에서 빼놓을 수
없는 재료. 혈행 촉진, 발한 작용,
탈취작용을 해요.

구연산 가루
바스붐 만들기에 빼놓을 수 없는
재료입니다. 피부와 머리카락의 ph를
조정하는 작용을 합니다.

정제수 또는 오일, 글리세린
베이킹 소다와 구연산을 연결해주는
역할을 합니다. 정제수는 증류와 여과
등으로 정제된 물로 약국에서 구입할
수 있습니다.

우묵한 그릇
재료를 섞을 때 용기로 사용해요.

계량저울 계량기 비커
재료의 분량을 잴 때 사용해요.

고무주걱 거품기
재료를 섞거나 틀에 넣을 때 사용해요.

클레이
지하의 점토층에서 채굴된 점토를
말린 것으로 바스붐에 색을 내는데
사용합니다.

에센셜 오일
바스붐에 향을 낼 때 사용합니다.

my bathboom recipe

재료 2개분_베이킹 소다 가루 100g,
      구연산 가루 80g, 에센셜 오일
      8방울, 정제수 1/4작은술(오일,
      글리세린 1/2작은술으로 대체가능)
도구 비커, 우묵한 그릇, 계량저울,
      거품기, 맘에 드는 틀, 고무주걱

나만의 바스붐 만들기

1 우묵한 그릇에 베이킹 소다 가루와 구
       연산 가루를 넣습니다.

2 거품기로 잘 섞어주세요.

3 에센셜 오일을 첨가해 잘 섞어줍니다.

4 거품기로 섞으면서 정제수를 조금씩
       넣어가며 개어주세요.
※ 정제수 대신 오일 또는 글리세린도 가능합니다.

5 모든 재료를 잘 섞은 후 선택한 틀에
       넣고 약 2시간 정도 그대로 둡니다.

6 틀에서 빼내 하루 정도 말리면 완성입
       니다.

목욕시간이 즐거워지는
바스붐 레시피

바스붐 만들기 기본을 익혔다면,
다양한 오일을 활용하여 모양도
예쁘고 효과도 좋은 바스붐
만들기에 도전해 보세요.

효과　보습, 릴렉스, 발한, 디톡스 효과

+α 밀키로즈

보습 효과, 릴렉스 효과

a　베이킹 소다 가루 100g,
　구연산 가루 80g, 탈지우유 10g
b　제라늄(에센셜 오일) 8방울
c　스위트 아몬드 오일 1/2 작은술
d　장미꽃잎

+α 핑크솔트

발한 작용, 디톡스 효과

a　베이킹 소다 가루 100g, 구연산 가루 80g,
　히말라야 암염 10g
b　로즈마리(에센셜오일) 8방울
c　정제수 1/4 작은술
d　히말라야 암염 적당량(알갱이 상태)

1　우묵한 그릇에 베이킹 소다 가루와 구연
　산 가루를 넣습니다.

1　우묵한 그릇에 ⓐ를 넣고 거품기로 잘
　섞어요.

2　ⓑ를 첨가하여 잘 섞고 거기에 ⓒ를 조
　금씩 첨가하여 잘 섞습니다.

2　ⓑ를 첨가하여 잘 섞고 거기에 ⓒ를 조
　금씩 넣어가며 잘 섞습니다.

3　ⓓ와 ②를 틀에 넣고 2시간 정도 그대로
　둔 후, 틀에서 꺼내 하루 정도 말립니다.

3　ⓓ와 ②를 틀에 넣고 약 2시간 그대로 두
　었다가 틀에서 꺼내 하루 동안 말립니다.

+α허니오렌지

보습 효과, 릴렉스 효과

a 베이킹 소다 가루 100g,
   구연산 가루 80g,
   스위트 오렌지(에센셜 오일) 8방울
b 벌꿀 1/2 작은술
c 옐로클레이 2g

1 우묵한 그릇에 ⓐ를 넣고 거품기로 잘 섞고 ⓑ를 넣어서 잘 개어주세요.

2 ①을 반으로 나누어 한쪽에 ⓒ를 첨가 하여 잘 섞은 후, 임의의 틀에 넣습니다.

3 나머지를 틀에 넣고 약 2시간 그대로 두 었다가 틀에서 꺼내 하루 동안 말립니다.

+α 라벤더

릴렉스 효과

a 베이킹 소다 가루 100g,
   구연산 가루 80g
b 울트라 마린 바이올렛 귀이개 한술,
   라벤더(에센셜 오일) 8방울
c 정제수 1/4작은술, 라벤더 적당량

1 우묵한 그릇에 ⓐ를 넣고 거품기로 잘 섞어주세요.

2 ⓑ를 첨가하여 잘 섞고 거기에 ⓒ를 더 하여 잘 섞습니다.

3 ⓒ와 ②를 틀에 넣고 약 2시간 그대로 두 었다가 틀에서 꺼내 하루 동안 말립니다.

+α아보카도

보습 효과, 릴렉스 효과

a 베이킹 소다 가루 100g,
   구연산 가루 80g, 그린클레이 3g
b 아보카도 오일 1/2 작은술,
   레몬 그라스 4방울, 로즈마리 4방울

1 우묵한 그릇에 ⓐ를 넣고 거품기로 잘 섞은 후, 그린클레이를 첨가합니다.

2 ⓑ를 첨가하여 잘 섞으세요.

3 ②를 틀에 넣고 약 2시간 정도 그대로 두 었다가 틀에서 꺼내 하루 동안 말립니다.

추천 베이킹 소다 & 구연산

베이킹 소다나 구연산은 슈퍼마켓에서 구입할 수 있습니다. 또 베이킹 소다를 판매하는 인터넷 쇼핑몰도 많습니다.
여러 가지 베이킹 소다와 구연산을 사용해보고 마음에 드는 것을 찾아보세요. 베이킹 소다 생활을 더욱 즐길 수 있을 거예요.
베이킹 소다와 구연산은 다양한 종류가 있으니 용도에 따라 잘 골라서 사용하세요.

여기저기 사용할 수 있는 멀티 베이킹 소다

청소나 세탁은 물론, 요리와 입욕제로서도 사용할 수 있습니다. 지금부터 베이킹 소다 생활을 시작하려는 당신을 위해 추천합니다.

⇩

약용 베이킹 소다

베이킹 소다는 위통이나 숙취를 완화하는 약으로도 사용됩니다. 천연성분으로 만들어 몸에도 부드러운 의약품입니다. 섭취 후 이상 증상이 있다면 반드시 의사와 상담하세요.

⇩

텐가이텐 시링골 베이킹 소다
몽골의 트로나 광석에서 만들어진 시링골 베이킹 소다. 입자가 아주 곱고 피부에도 자극이 없는 것이 특징입니다. 1kg짜리 외에 600g, 2kg도 있습니다
_주식회사 니와히사시

제3종 의약품 탄산수소나트륨
위산과다, 속쓰림, 위의 불쾌감, 체함, 구역질 등 다양한 위장 장애에 효과가 있습니다. _켄에이 제약주식회사

시링골 베이킹소다
청소와 세탁 외에 요리에도 사용할 수 있는 베이킹 소다로 품질이 우수합니다. 가장 인기있는 사이즈인 600g 외에 380g, 1kg, 2kg 등 다양한 사이즈가 있습니다. _키소지 물산 주식회사

제3종 의약품 탄산수소나트륨
위나 소화기기관이 좋지 않을 때, 이를 완화시켜 주는 의약품으로 사용될 뿐 아니라 청소나 미용 제품을 만드는 재료로도 적당한 만능 베이킹 소다입니다. _코사카이 제약주식회사

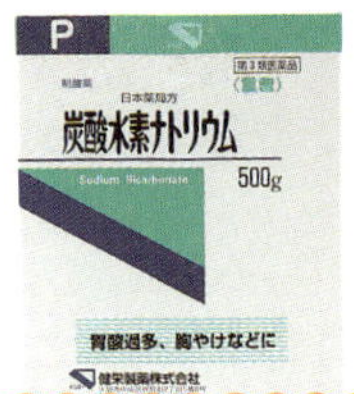

중조
음식의 떫은 맛 제거나 청소, 냄새 제거에 사용합니다. 사용하기 쉬운 낱개 포장과 상자 포장된 500g 용량도 있습니다.
_켄에이 제약주식회사

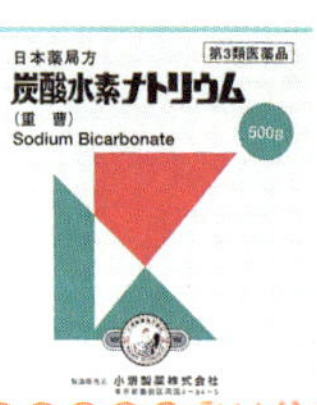

제3종 의약품 탄산수소나트륨
위산의 양을 조절하여 속쓰림이나 위의 불쾌감을 완화시켜주는 탄산수소나트륨. 500g 외에도 포장 타입인 3g×15포도 있습니다. _타이요 제약주식회사

제3종 의약품 탄산수소나트륨(중조)
고품질의 베이킹 소다를 선별하여 만들어진 것으로 강한 연마 작용으로 청소 효과가 뛰어납니다.
_타이요 제약주식회사

베이킹 소다의 환상 파트너, 구연산

베이킹 소다 청소에 있어 빼놓을 수 없는 구연산, 청소와 요리,
입욕제 등 여러 가지 용도로 사용할 수 있습니다.

우리나라에서 구입할 수 있는
베이킹 소다와 구연산

일본처럼 다양하지는 않지만 슈퍼마켓과 인터넷 쇼핑몰에서
여러 종류의 베이킹 소다를 구입할 수 있습니다.

구연산
식물을 발효시켜서 만든 구연산.
음료수에 섞어서 먹으면 피로 회복
효과가 있습니다. (타이요 제약주식회사)

자연에서 담아온
천연 베이킹소다
미국 유기농자재평가원 인증 원료를
사용한 천연 베이킹 소다로 고품질의
제품이다. 2kg 용량으로 판매하고 있다.
www.shabon.co.kr _샤본다마 코리아

구연산
입욕제로 만들어진 구연산. 베이킹 소다와 섞어서
바스볼을 만들 때 추천합니다. 50g 외에 200g도
있습니다. 식용은 권장하지 않습니다.

(주식회사 생활의 나무)

자연원료 구연산 파우더
식품 첨가물 등급의 구연산
파우더로 1.5kg으로 판매하고 있다.
www.shabon.co.kr _샤본다마 코리아

제균이 되는 구연산
옥수수, 고구마 등의 농작물을 발효시켜
100% 천연 자연식품으로 만들어진
구연산. 청소 외에 요리에도 사용할 수
있습니다. _주식회사 니와히사시

암앤해머 퓨어 베이킹 소다
청소와 빨래, 베이킹 등 어떤 곳에도 다
사용이 가능한 멀티 베이킹 소다. 6.12kg
의 대용량 제품으로 넉넉하게 사용할 수
있다. _Church & Dwight

구연산
청소할 때, 베이킹소다와 함께 크게 활약하는
구연산. 식품첨가물이므로 입에 들어가도
안심입니다. 250g 외에 병에 들어있는 380g
도 있습니다. (키소지 물산주식회사)

베이킹 소다 퓨어
천연 생강가루가 들어가 있는 베이킹
소다로 야채 과일 세척과 청소 등 다양한
용도로 사용할 수 있다. _피죤

구연산(결정)
그대로 마시거나 유산음료에 넣는 등
용도는 여러 가지입니다. 젤리나 잼을
만들 때도 사용할 수 있습니다.

(켄에이 제약주식회사)

허니 버블 베이킹 소다
청소, 세탁, 요리, 냄새 제거 등의
용도로 사용할 수 있으며 5.5kg
대용량으로 구성되어 있다.
_휴먼스토리, 아트참

1판 1쇄 인쇄 2013년 4월 15일
1판 2쇄 발행 2013년 9월 15일

지은이   부티크사 편집부
펴낸이   정원정, 김자영
편집   홍현숙
디자인   LOOKBOOK

펴낸곳   즐거운상상
주소   서울시 용산구 문배동 7-6 이안1차 102동 오피스텔 1003호
전화   02-706-9452 팩스 02-706-9458
전자우편   happywitches@naver.com
출판등록   2001년 5월 7일
인쇄   백산하이테크

ISBN 978-89-92109-49-9 13590